AI 编程班

Python × ChatGPT

网络爬虫从入门到精通

◎ 李杰臣 编著

北京理工大学出版社
BEIJING INSTITUTE OF TECHNOLOGY PRESS

图书在版编目（CIP）数据

AI 编程班：Python×ChatGPT 网络爬虫从入门到精通/
李杰臣编著 . — 北京：北京理工大学出版社，2024.1
ISBN 978-7-5763-3360-2

Ⅰ . ①A… Ⅱ . ①李… Ⅲ . ①人工智能－程序设计
Ⅳ . ①TP18

中国国家版本馆CIP数据核字（2024）第003396号

责任编辑：江　立		**文案编辑**：江　立	
责任校对：周瑞红		**责任印制**：施胜娟	

出版发行 / 北京理工大学出版社有限责任公司

社　　址 / 北京市丰台区四合庄路6号

邮　　编 / 100070

电　　话 / （010）68944451（大众售后服务热线）
　　　　　　（010）68912824（大众售后服务热线）

网　　址 / http://www.bitpress.com.cn

版 印 次 / 2024年1月第1版第1次印刷

印　　刷 / 三河市中晟雅豪印务有限公司

开　　本 / 710 mm×1000 mm　1 / 16

印　　张 / 17.5

字　　数 / 200 千字

定　　价 / 89.00 元

前 言
Preface

　　网络爬虫是一种高效的数据采集工具，然而对于许多初学者而言，这项技术似乎遥不可及，需要具备高深的编程技能才能掌握。本书旨在探讨如何通过简洁易懂的 Python 编程语言与先进 AI 工具的"强强联手"，降低爬虫技术的学习门槛，让学习过程变得轻松愉快。

◎内容结构

　　全书共 11 章，以下是各章的主要内容：

　　第 1 章：主要讲解 Python 编程环境的搭建方法及 Python 语言的基础语法知识等内容。

　　第 2 章：主要讲解 AI 工具的基本使用方法，以及如何在爬虫编程中利用 AI 工具解决技术难题和提高开发效率。

　　第 3 章：主要讲解如何对网页进行初步分析，包括查看网页源代码、剖析网页的结构、判断网页的类型等，为获取网页源代码并提取数据奠定基础。

　　第 4、5 章：分别讲解静态网页和动态网页的爬取，主要内容包括如何使用 Requests 模块和 Selenium 模块获取网页源代码，如何使用正则表达式和 BeautifulSoup 模块从网页源代码中提取所需数据。

　　第 6 章：主要讲解如何使用 pandas 等模块对获取的数据进行清洗、处理和分析，以提高数据的质量，并从数据中提取有价值的信息。

　　第 7 章：进一步探索 Python 网络爬虫的进阶技术，例如，用 pandas 模块爬取网页表格数据、用数据接口爬取数据、开发带图形用户界面的爬虫程序等。

　　第 8～11 章：通过一系列实际应用场景来实践并强化之前所学的知识。这些场景涵盖了财经、社交媒体、电商等多个领域的数据爬取，以及媒体文件的下载。读者将深入体会如何灵活运用爬虫技术解决实际问题，在遇到困难时如何借助 AI 工具"见招拆招"，从而踏上编程能力的持续自我提升之路。

◎阅读建议

当前的大多数 AI 工具都经过海量的编程知识库和代码库的训练，因而具备一定的编程能力，不管是学习还是实践，AI 工具都能成为我们的好帮手。但不可忽视的是，AI 工具仍处于发展阶段，还存在不少缺陷：有的 AI 工具由于训练数据不够新，生成代码时会使用过时的语法格式或函数；有的 AI 工具理解和推理能力有限，在回答问题时会出现"张冠李戴"和"答非所问"的情况。

有鉴于此，本书在构思和编写的过程中始终坚持"以人为主，AI 为辅"的理念，读者需要在学习过程中发挥主观能动性，并适度运用 AI 工具。为了帮助读者更好地阅读和学习本书，特提出以下两点建议：

第一，Python 爬虫的学习涉及 Python 的语法知识和一些必要的网络技术知识，比较抽象和枯燥，但它们是构建复杂程序的基础，读者必须给予重视。建议初学者从第 1 章开始按顺序阅读，不建议跳跃式阅读。即便有了 AI 工具，我们也需要扎实地掌握这些知识，只有这样，我们才能编写出信息完整、描述精确的提示词，引导 AI 工具生成高质量的代码，并且能够阅读和修改 AI 工具生成的代码，不至于被 AI 工具自身的缺陷所误导。

第二，读者在阅读本书的过程中可能会遇到看不明白的地方，在实践中也难免会遇到无法用本书所学知识解决的问题，此时可以按照第 2 章讲解的方法，尝试用 AI 工具进行深度解说或扩展学习，但要注意评估 AI 工具所回答内容的质量，不能过度依赖 AI 工具。

◎读者对象

本书适合需要在网络数据的采集、处理与分析方面提高效率的职场人士和办公人员阅读，也可供 Python 编程爱好者参考。

由于 AI 技术和编程技术的更新和升级速度很快，加之编者水平有限，本书难免有不足之处，恳请广大读者批评指正。

编　者
2023 年 12 月

目 录
Contents

第6章　爬虫数据的处理和分析

第7章　Python 爬虫技术进阶

第 1 章

Python 入门

工欲善其事，必先利其器。在运用 Python 完成各种爬虫任务之前，我们需要先掌握 Python 的基础知识。本章将指导读者搭建 Python 编程环境，并介绍 Python 的语法知识，引领读者迈入 Python 编程的大门。

1.1　安装 Python 编程环境

Python 的编程环境主要由 3 个部分组成：

- 解释器，用于将代码转译成计算机可以理解的指令；
- 代码编辑器，用于编写、运行和调试代码；
- 模块，预先编写好的功能代码，可以理解为 Python 的扩展工具包，主要分为内置模块和第三方模块两类。

本书建议从 Python 官网下载安装包，其中集成了解释器、代码编辑器（IDLE）和内置模块。这里以 Windows 10（64 位）为例，简单讲解 Python 编程环境的搭建和使用方法。

步骤01 **下载安装包**。在网页浏览器中打开 Python 官网的安装包下载页面（https://www.python.org/downloads/），根据操作系统的类型下载安装包，建议尽可能安装最新的版本。这里直接下载页面中推荐的 Python 3.11.5，如图 1-1 所示。

图 1-1

> **提　示**
>
> 下载 Python 安装包时要注意两个方面：首先是操作系统的版本，版本较旧的操作系统（如 Windows 7）不能安装较新版本的安装包；其次是操作系统的架构类型，即操作系统是 32 位还是 64 位，架构类型选择错误会导致安装失败。

步骤02 **进行安装**。安装包下载完毕后，双击安装包，❶在安装界面中勾选 "Add python.exe to PATH" 复选框，❷然后单击 "Install Now" 按钮，如图 1-2 所示,即可开始安装。当看到"Setup was successful"的界面时,说明安装成功。如果要自定义安装路径,可以单击"Customize installation"按钮,但要注意路径中最好不要包含中文字符。

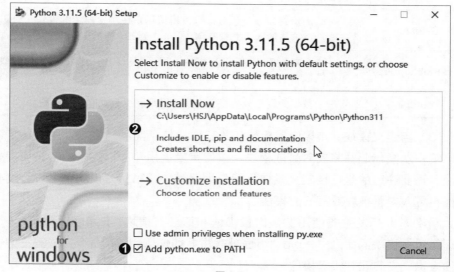

图 1-2

1.2　管理第三方模块

　　Python 的模块又称为库或包。简单来说,每一个扩展名为".py"的文件都可以视为一个模块。有了模块的帮助,用户只需要编写简单的代码就能实现复杂的功能,大大提高了开发效率。

1. 模块的种类

　　Python 的模块主要分为内置模块、第三方模块、自定义模块 3 种。

　　(1) **内置模块**:内置模块由 Python 官方机构开发,集成在 Python 解释器中,如 time、re、pathlib 等。内置模块在安装好 Python 解释器后就能直接使用。

　　(2) **第三方模块**:第三方模块由非 Python 官方机构的程序员或组织开发。Python 能风靡全球的一个重要原因就是它拥有数量众多的免费第三方模块。表 1-1 列举了网络爬虫中常用的第三方模块。

表 1-1

模块名	主要功能
Requests	一个流行的 HTTP 模块，用于发送和处理 HTTP 的请求和响应，以获取网页内容
Selenium	一个浏览器自动化工具，可以模拟用户在浏览器中的操作，对于爬取动态渲染的网页非常有用
BeautifulSoup	一个 HTML 和 XML 解析模块，用于解析和遍历网页文档，提取所需的数据
pandas	一个数据处理与分析模块，用于完成爬虫数据的清洗和整理

（3）**自定义模块**：如果内置模块和第三方模块不能满足需求，用户还可以自己编写功能代码并将其封装成模块，以便重复调用，这样的模块就是自定义模块。需要注意的是，自定义模块不能与内置模块或第三方模块重名，否则将不能再导入内置模块或第三方模块。

网络爬虫开发主要使用的是内置模块和第三方模块。Python 提供了一个管理第三方模块的命令——pip。下面就来讲解如何运用 pip 命令完成第三方模块的查询、安装和升级等操作。

2．查询已安装的模块

为了避免重复安装模块，可以使用 pip 命令查询计算机中已安装的模块。

步骤01 **打开命令行窗口**。按快捷键〈▦+R〉打开"运行"对话框，❶在对话框中输入"cmd"，❷单击"确定"按钮，如图 1-3 所示。

步骤02 **执行命令查询已安装模块**。随后会打开命令行窗口，❶在窗口中输入命令"pip list"，按〈Enter〉键执行命令，等待一段时间，❷即可看到已安装模块的列表，"Package"列是模块的名称，"Version"列是模块的版本，如图 1-4 所示。如果该列表中已经有了要使用的模块，就不需要安装了。

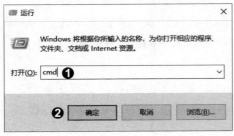

图 1-3   图 1-4

3．安装模块

下面以 Requests 模块为例，介绍使用 pip 命令安装第三方模块的方法。
打开命令行窗口，输入命令 "pip install requests"，如图 1-5 所示。命令中的
"requests" 就是要安装的模块的名称，如果需要安装其他模块，将 "requests"
改为相应的模块名称即可。按〈Enter〉键执行命令，等待一段时间，如果出
现 "Successfully installed ×××（模块名称 - 版本号）" 的提示文字，说明模
块安装成功，之后就可以在编写代码时调用模块的功能了。

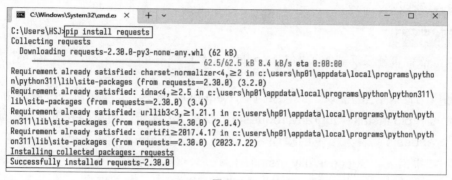

图 1-5

pip 命令默认从设在国外的服务器上下载模块，下载速度较慢，很容易导
致安装中断或失败。要解决这个问题，可以要求 pip 命令从设在国内的镜像服
务器上下载模块。例如，从阿里云的镜像服务器安装 Requests 模块的命令为
"pip install -i https://mirrors.aliyun.com/pypi/simple/ requests"。命令中的参数
"-i" 用于指定下载模块的服务器地址，"https://mirrors.aliyun.com/pypi/simple/"
则是由阿里云设立的镜像服务器的地址。读者可以自行搜索更多镜像服务器的
地址。

提　示

如果觉得每次安装模块时都要指定镜像服务器比较烦琐，可以将镜像服务
器设置成默认服务器。例如，将阿里云的镜像服务器设置成默认服务器的命
令为 "pip config set global.index-url https://mirrors.aliyun.com/pypi/simple/"。
执行此命令后，用 pip 命令安装模块时就不需要指定镜像服务器了。

4．升级已安装的模块

第三方模块的开发者通常会持续地维护模块，以修复程序漏洞或增加新的

功能。当新版本的模块发布时，模块的用户可以根据需求升级模块。

步骤01 查询可升级的模块。 在命令行窗口中输入命令"pip list --outdated"，按〈Enter〉键执行命令，稍等片刻，即可看到已安装模块中的所有可升级模块的列表，如图 1-6 所示。"Package"列是模块的名称，"Version"列是模块的当前版本，"Latest"列是可升级到的最新版本。

```
C:\Windows\System32\cmd.e    ×    +    ∨

C:\Users\HSJ>pip list --outdated
Package     Version Latest Type
----------  ------- ------ -----
matplotlib  3.7.2   3.7.3  wheel
Pillow      9.5.0   10.0.0 wheel
requests    2.30.0  2.31.0 wheel
```

图 1-6

> **提 示**
>
> 查询可升级模块命令中的"--outdated"可简写成"-o"，即"pip list -o"。

步骤02 升级指定的模块。 假设要升级 Requests 模块，继续在命令行窗口中输入命令"pip install --upgrade requests"，如图 1-7 所示。如果要升级其他模块，将"requests"改为相应的模块名称即可。按〈Enter〉键执行命令，稍等片刻，如果出现"Successfully installed ×××（模块名称 - 版本号）"的提示文字，说明模块升级成功。如果模块已经是最新版本，则会提示"No matching distribution found"或"Requirement already satisfied"。

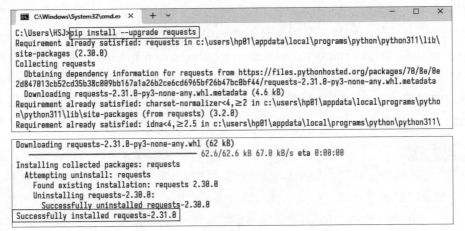

图 1-7

> **提 示**
>
> 升级模块命令中的"--upgrade"可以简写成"-U"，即"pip install -U 模块名"。

1.3 在代码中导入模块

　　安装好模块后,还需要在代码中导入模块,才能调用模块的功能。这里讲解导入模块的两种常用方法:import 语句导入法和 from 语句导入法。

1. import 语句导入法

　　import 语句导入法会导入指定模块中的所有函数,适用于需要使用指定模块中的大量函数的情况。import 语句的基本语法格式如下:

```
import 模块名
```

演示代码如下:

```
1   import time  # 导入time模块
2   import requests  # 导入requests模块
```

　　使用该方法导入模块后,需要以"模块名 . 函数名"的方式调用模块中的函数。演示代码如下:

```
1   import time
2   today = time.strftime('%Y-%m-%d')
3   print(today)
```

　　第 1 行代码表示导入 time 模块中的所有函数。该模块是 Python 的内置模块,虽然不需要安装,但在使用前仍然需要导入。

　　第 2 行代码表示调用 time 模块中的 strftime() 函数获取系统当前时间,括号里设置了时间的显示格式,随后将获得的时间赋给变量 today。

　　第 3 行代码使用 print() 函数输出获得的时间。

　　代码运行结果如下:

```
1   2023-08-22
```

　　import 语句导入法的缺点是,如果模块中的函数较多,用 import 语句导入整个模块后会导致程序运行速度缓慢。

> **提 示**
>
> print() 函数是 Python 的内置函数，用于在屏幕上输出内容，后面会经常用这个函数输出运行结果。print() 函数的括号中可以用逗号分隔要同时输出的多项内容，输出后这些内容会显示在同一行，并以空格分隔。

2. from 语句导入法

from 语句导入法可以导入指定模块中的指定函数，适用于只需要使用模块中的少数几个函数的情况。from 语句的基本语法格式如下：

```
from 模块名 import 函数名
```

演示代码如下：

```
1  from time import strftime  # 导入time模块中的单个函数
2  from time import strftime, localtime, time  # 导入time模块
   中的多个函数
```

使用 from 语句导入法的最大好处是可以直接用函数名调用函数，不需要添加模块名的前缀。演示代码如下：

```
1  from time import strftime
2  today = strftime('%Y-%m-%d')
3  print(today)
```

第 1 行代码表示导入 time 模块中的 strftime() 函数。

因为第 1 行代码中已经写明了要导入哪个模块中的哪个函数，所以第 2 行代码可以直接用函数名调用函数，不需要添加模块名 time 作为前缀。

第 3 行代码使用 print() 函数输出获得的时间。

代码运行结果如下：

```
1  2023-08-22
```

import 语句导入法和 from 语句导入法各有优缺点，读者在编程时可以根据实际需求灵活选择。

> **提　示**
>
> 　　如果模块名或函数名很长，可在导入时用 **as** 关键字设置简称，以方便后续的调用。通常用模块名或函数名中的某几个字母作为简称，演示代码如下：

```
1    import pandas as pd  # 导入pandas模块，并将其简写为pd
2    from time import strftime as st  # 导入time模块中的strf-
     time()函数，并将其简写为st
```

1.4　测试 Python 编程环境

　　安装好 Python 的编程环境，下面来编写和运行一段简单的代码，测试一下编程环境的安装效果。编写和运行代码需要用到代码编辑器，这里使用 Python官方安装包中集成的代码编辑器——IDLE。IDLE 不需要进行烦琐的配置即可使用，对于初学者来说比较简单和方便。

步骤01 **安装所需模块**。本节的测试代码需要用到第三方模块 jieba，因此，先按照 1.2 节讲解的方法安装好该模块。

步骤02 **新建代码文件**。在"开始"菜单中单击"Python 3.11"程序组中的"IDLE（Python 3.11 64-bit）"，启动 IDLE Shell 窗口。在窗口中执行菜单命令"File → New File"或按快捷键〈Ctrl+N〉，如图 1-8 所示。该命令将新建一个代码文件并打开相应的代码编辑窗口。

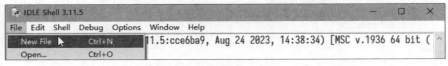

图 1-8

步骤03 **输入代码**。在代码编辑窗口中输入如图 1-9 所示的代码，其功能是使用jieba 模块对指定的字符串进行分词。代码要一行一行地输入，每输入完一行按〈Enter〉键换行。除了中文字符之外，字母和符号都必须在英文输入状态下输入，并且要注意字母的大小写。第 3 行代码后以"#"号开头的文本是注释，用于对这行代码进行解释说明；第 5 行代码前有一个缩进，可以按 4 下空格键或按一下〈Tab〉键来实现。

```
File  Edit  Format  Run  Options  Window  Help
1  import jieba
2  txt = '用Python让爬虫飞起来'
3  seg_list = jieba.cut(txt, cut_all=True)  # 使用全模式进行分词
4  for s in seg_list:
5      print(s)
```

图 1-9

提　示

　　注释不参与代码的运行，其主要作用是解释和说明代码的功能和编写思路等，以提高代码的可读性。注释可放在被注释代码的后面，也可作为单独的一行放在被注释代码的上方，如图 **1-10** 所示。

```
File  Edit  Format  Run  Options  Window  Help
1  import jieba
2  txt = '用Python让爬虫飞起来'
3  # 使用全模式进行分词
4  seg_list = jieba.cut(txt, cut_all=True)
5  for s in seg_list:
6      print(s)
```

图 1-10

　　在调试程序时，如果有暂时不需要运行的代码，不必将其删除，可以先将其转换成注释，等调试结束后再取消注释。

步骤04 运行代码。代码输入完毕后，在代码编辑窗口中执行菜单命令"File →
Save"或按快捷键〈Ctrl+S〉保存代码文件，然后执行菜单命令"Run → Run
Module"或按快捷键〈F5〉运行代码，IDLE Shell 窗口中就会显示运行结果，
如图 1-11 所示。至此，Python 编程环境的测试就完成了，后面将进入 Python
基础语法知识的学习。

```
File  Edit  Shell  Debug  Options  Window  Help
Python 3.11.5 (tags/v3.11.5:cce6ba9, Aug 24 2023, 14:38:34) [MSC v.1936 64 bit (
AMD64)] on win32
Type "help", "copyright", "credits" or "license()" for more information.
>>>
================= RESTART: E:/代码文件/01/测试Python编程环境.py =========
Building prefix dict from the default dictionary ...
Loading model from cache C:\Users\HP01\AppData\Local\Temp\jieba.cache
Loading model cost 1.328 seconds.
Prefix dict has been built successfully.
用
Python
让
爬虫
飞起
起来
>>>
```

图 1-11

1.5　变量的命名和赋值

　　变量是程序代码不可缺少的要素之一。简单来说，变量是一个代号，它代表的是一个数据。在 Python 中，定义一个变量的操作分为两步：首先要为变量起一个名字，即变量的命名；然后要为变量指定其所代表的数据，即变量的赋值。这两个步骤在同一行代码中完成。

　　变量的命名需要遵循如下规则：

- 变量名可以由任意数量的字母、数字、下划线组合而成，但是必须以字母或下划线开头，不能以数字开头。本书建议以英文字母开头，如 a、x、news_title、data1 等。
- 变量名中的英文字母是区分大小写的。例如，p 和 P 是两个不同的变量。
- 不要用 Python 的保留字或内置函数来命名变量。例如，不要用 import 或 print 作为变量名，因为前者是 Python 的保留字，后者是 Python 的内置函数，它们都有特殊的含义。
- 变量名最好有一定的意义，能直观地描述变量所代表的数据内容或数据类型。例如，用变量 url 代表内容是网址的数据，用变量 price_list 代表类型是列表的数据。

> **提　示**
>
> 　　实际上，Python 3 允许在变量名中使用中文字符（不包括中文全角的标点符号），但在实践中很少这样做。

　　变量的赋值用等号"="来完成，"="的左边是一个变量，右边是该变量所代表的数据。Python 有多种数据类型（将在 1.6 节和 1.7 节介绍），但在定义变量时不需要指明变量的数据类型，在变量赋值的过程中，Python 会自动根据所赋的值的类型确定变量的数据类型。

　　定义变量的演示代码如下：

```
1  x = 20
2  print(x)
3  y = x + 10
4  print(y)
```

上述代码中的 x 和 y 就是变量。第 1 行代码表示定义一个名为 x 的变量，并将数字 20 赋给该变量；第 2 行代码表示输出变量 x 的值；第 3 行代码表示定义一个名为 y 的变量，并将变量 x 的值加上 10 后赋给变量 y；第 4 行代码表示输出变量 y 的值。

代码运行结果如下：

```
1    20
2    30
```

在 Python 中，除了可以为变量赋数字类型的值，还可以赋其他数据类型的值，如字符串、列表等，后面会陆续讲解。

1.6 Python 的基本数据类型：数字、字符串

Python 中有 6 种基本数据类型：数字、字符串、列表、字典、元组、集合。其中前 4 种数据类型用得相对较多，下面先介绍数字和字符串这两种数据类型。

1. 数字

Python 中的数字分为整型和浮点型两种。

整型数字（用 int 表示）与数学中的整数一样，都是指不带小数点的数字，包括正整数、负整数和 0。下列代码中的数字都是整型数字：

```
1    a = 2023
2    b = -15
3    c = 0
```

浮点型数字（用 float 表示）是指带有小数点的数字。下列代码中的数字都是浮点型数字：

```
1    a = 18.5
2    pi = 3.1415926
3    c = -0.25
```

2．字符串

字符串（用 str 表示）是由一个个字符连接而成的。组成字符串的字符可以是汉字、字母、数字、符号（包括空格）等。字符串的内容需置于一对引号内，引号可以是单引号或双引号，但必须是英文引号，并且要统一。

定义字符串的演示代码如下：

```
1    a = 'ChatGPT是OpenAI公司研发的一款聊天机器人程序，于2022年11
     月发布。'
2    b = "I'm learning Python."
3    print(a)
4    print(b)
```

第 1 行代码使用单引号定义了一个包含汉字、字母、数字、符号等多种类型字符的字符串。

第 2 行代码中的字符串包含单引号，所以只能用双引号定义字符串，否则会出现冲突。

代码运行结果如下，可以看到，第 2 行代码中的双引号是定义字符串的引号，不会被 print() 函数输出，而单引号是字符串的内容，会被 print() 函数输出。

```
1    ChatGPT是OpenAI公司研发的一款聊天机器人程序，于2022年11月发布。
2    I'm learning Python.
```

如果需要在字符串中换行，有两种方法。第 1 种方法是使用三引号（3 个连续的单引号或双引号）定义字符串，演示代码如下：

```
1    c = '''中短期内ChatGPT的潜在产业化方向：
2    代码开发
3    文案生成
4    智能客服'''
5    print(c)
```

代码运行结果如下：

```
1    中短期内ChatGPT的潜在产业化方向：
```

2	代码开发
3	文案生成
4	智能客服

第 2 种方法是使用转义字符 "\n" 来表示换行，演示代码如下：

| 1 | d = '中短期内ChatGPT的潜在产业化方向：\n代码开发\n文案生成\n智能客服' |

除了 "\n" 之外，转义字符还有很多，它们大多数是一些特殊字符，并且都以 "\" 开头。例如，"\t" 表示制表符，"\b" 表示退格，等等。

> **提 示**
>
> 　　初学者要注意区分数字和内容为数字的字符串。例如，下面两行代码定义了两个变量 x 和 y，如果用 print() 函数输出这两个变量的值，屏幕上显示的都是 150，看起来没有任何差别。但是，变量 x 代表整型数字 150，可以参与加减乘除等数学运算，变量 y 代表字符串 '150'，不能参与数学运算。
>
> ```
> 1  x = 150
> 2  y = '150'
> ```
>
> 　　使用 Python 内置的 str() 函数、int() 函数、float() 函数等可以实现字符串、整型数字、浮点型数字之间的类型转换。

1.7　Python 的基本数据类型：列表、字典

　　列表、字典、元组、集合都是用于存储多个数据的数据类型。本书只介绍较为常用的列表和字典这两种数据类型。

1．列表

　　列表（用 list 表示）能将多个数据有序地组织在一起，并提供多种调用数据的方式。

　　（1）**定义列表**：定义一个列表的基本语法格式如下：

```
列表名 = [元素1，元素2，元素3 ……]
```

例如，要把代表 5 种商品类型的字符串存储在一个列表中，演示代码如下：

```
1  goods = ['食品', '服装', '鞋帽', '餐具', '家具']
```

列表元素的数据类型非常灵活，可以是字符串，也可以是数字，甚至可以是另一个列表。下列代码定义的列表就含有 3 种元素：整型数字 1、字符串 '123'、列表 [1, 2, 3]。

```
1  a = [1, '123', [1, 2, 3]]
```

（2）**统计列表的长度**：列表的长度是指列表中元素的个数。使用 len() 函数可以统计列表的长度，演示代码如下：

```
1  goods = ['食品', '服装', '鞋帽', '餐具', '家具']
2  print(len(goods))
```

代码运行结果如下，说明列表 goods 中有 5 个元素。

```
1  5
```

（3）**从列表中提取单个元素**：列表中的每个元素都有一个索引号。索引号的编号方式有正向和反向两种，如图 1-12 所示。

正向索引是从左到右用 0 和正整数为元素编号，第 1 个元素的索引号为 0，第 2 个元素的索引号为 1，依次递增。

反向索引是从右到左用负整数为元素编号，倒数第 1 个元素的索引号为 -1，倒数第 2 个元素的索引号为 -2，依次递减。

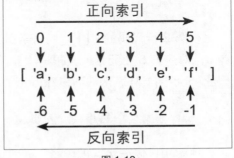

图 1-12

要从列表中提取单个元素，在列表名后加上"[索引号]"即可，演示代码如下：

```
1   goods = ['食品', '服装', '鞋帽', '餐具', '家具']
2   a = goods[2]
3   b = goods[-1]
4   print(a)
5   print(b)
```

第 2 行代码中的 goods[2] 表示从列表 goods 中提取索引号为 2 的元素，即第 3 个元素。第 3 行代码中的 goods[-1] 表示从列表 goods 中提取索引号为 -1 的元素，即最后一个元素。代码运行结果如下：

```
1   鞋帽
2   家具
```

（4）**从列表中提取多个元素**：如果想从列表中一次性提取多个元素，可以使用列表切片，其基本语法格式如下：

```
列表名[索引号1:索引号2]
```

其中，"索引号 1" 对应的元素能取到，"索引号 2" 对应的元素取不到，这一规则称为 "左闭右开"。演示代码如下：

```
1   goods = ['食品', '服装', '鞋帽', '餐具', '家具']
2   a = goods[1:4]
3   print(a)
```

在第 2 行代码的 "[ ]" 中，"索引号 1" 为 1，对应第 2 个元素，"索引号 2" 为 4，对应第 5 个元素，又根据 "左闭右开" 的规则，第 5 个元素是取不到的，因此，goods[1:4] 表示从列表 goods 中提取第 2 ～ 4 个元素。代码运行结果如下：

```
1   ['服装', '鞋帽', '餐具']
```

列表切片操作还允许省略 "索引号 1" 或 "索引号 2"，演示代码如下：

```
1   goods = ['食品', '服装', '鞋帽', '餐具', '家具']
2   a = goods[1:]
```

```
3    b = goods[-3:]
4    c = goods[:2]
5    d = goods[:-2]
6    print(a)
7    print(b)
8    print(c)
9    print(d)
```

第 2 行代码表示提取列表 goods 的第 2 个元素到最后一个元素；第 3 行代码表示提取列表 goods 的倒数第 3 个元素到最后一个元素；第 4 行代码表示提取列表 goods 的第 3 个元素之前的所有元素（根据"左闭右开"的规则，不包含第 3 个元素）；第 5 行代码表示提取列表 goods 的倒数第 2 个元素之前的所有元素（根据"左闭右开"的规则，不包含倒数第 2 个元素）。代码运行结果如下：

```
1    ['服装', '鞋帽', '餐具', '家具']
2    ['鞋帽', '餐具', '家具']
3    ['食品', '服装']
4    ['食品', '服装', '鞋帽']
```

（5）**添加列表元素**：使用 append() 函数可以在列表的末尾添加一个元素，其基本语法格式如下：

```
列表名.append(要添加的元素)
```

演示代码如下：

```
1    goods = ['食品', '服装', '鞋帽', '餐具', '家具']
2    goods.append('化妆品')
3    print(goods)
```

第 2 行代码使用 append() 函数在列表 goods 的末尾添加了一个元素"化妆品"。代码运行结果如下：

```
1  ['食品', '服装', '鞋帽', '餐具', '家具', '化妆品']
```

使用 extend 函数 () 可在列表的末尾添加多个元素，其基本语法格式如下：

```
列表名.extend(由要添加的多个元素组成的列表)
```

演示代码如下：

```
1  goods = ['食品', '服装', '鞋帽', '餐具', '家具']
2  goods.extend(['化妆品', '玩具'])
3  print(goods)
```

第 2 行代码使用 extend() 函数在列表 goods 的末尾添加了"化妆品"和"玩具"两个元素。代码运行结果如下：

```
1  ['食品', '服装', '鞋帽', '餐具', '家具', '化妆品', '玩具']
```

除了 extend() 函数，还可以使用运算符"+="在列表末尾添加多个元素，演示代码如下：

```
1  goods = ['食品', '服装', '鞋帽', '餐具', '家具']
2  goods += ['化妆品', '玩具']
3  print(goods)
```

代码运行结果如下：

```
1  ['食品', '服装', '鞋帽', '餐具', '家具', '化妆品', '玩具']
```

（6）**列表与字符串的相互转换**：列表与字符串的相互转换在文本处理中有很大的用处。使用 join() 函数可以按照指定的连接符将一个列表中的元素连接成一个字符串，其基本语法格式如下：

```
'连接符'.join(列表名)
```

使用 split() 函数可以按照指定的分隔符将一个字符串拆分成一个列表，其基本语法格式如下：

```
字符串.split('分隔符')
```

演示代码如下：

```
1    goods = ['食品', '服装', '鞋帽', '餐具', '家具']
2    a = '/'.join(goods)
3    print(a)
4    b = a.split('/')
5    print(b)
```

代码运行结果如下：

```
1    食品/服装/鞋帽/餐具/家具
2    ['食品', '服装', '鞋帽', '餐具', '家具']
```

2. 字典

字典（用 dict 表示）是另一种存储多个数据的数据类型。列表的每个元素只有一个部分，而字典的每个元素都由键（key）和值（value）两个部分组成，中间用冒号分隔。

（1）**定义字典**：定义一个字典的基本语法格式如下：

```
字典名 = {键1: 值1, 键2: 值2, 键3: 值3 ……}
```

假设 goods 中的每类商品都有一个销售金额，若要把商品类型与其销售金额一一配对地存储在一起，就需要使用字典。演示代码如下：

```
1    goods = {'食品': 656, '服装': 1640, '鞋帽': 549, '餐具':
     1312, '家具': 235}
```

（2）**从字典中提取元素**：键相当于一把钥匙，值相当于一把锁，一把钥匙对应一把锁。因此，可以根据键从字典中提取对应的值，基本语法格式如下：

```
字典名['键名']
```

例如，要提取"鞋帽"类商品的销售金额，演示代码如下：

```
1    goods = {'食品': 656, '服装': 1640, '鞋帽': 549, '餐具':
     1312, '家具': 235}
2    print(goods['鞋帽'])
```

代码运行结果如下：

```
1    549
```

（3）**在字典中添加和修改元素**：在字典中添加和修改元素的基本语法格式如下：

```
字典名['键名'] = 值
```

如果给出的键名是字典中已经存在的，则表示修改该键对应的值；如果给出的键名是字典中不存在的，则表示在字典中添加新的键值对。演示代码如下：

```
1    goods = {'食品': 656, '服装': 1640, '鞋帽': 549, '餐具':
     1312, '家具': 235}
2    goods['服装'] = 1109
3    goods['化妆品'] = 784
4    print(goods)
```

第 2 行代码表示将字典 goods 中"服装"类商品的销量金额修改为 1109。第 3 行代码表示在字典 goods 中添加新的商品类型"化妆品"，其销量金额为 784。代码运行结果如下：

```
1    {'食品': 656, '服装': 1109, '鞋帽': 549, '餐具': 1312, '家
     具': 235, '化妆品': 784}
```

1.8　**Python** 的运算符

常用的 Python 运算符有算术运算符、字符串运算符、赋值运算符、比较运算符、逻辑运算符、成员检测运算符。

1．算术运算符

算术运算符用于对数字进行数学运算。常用的算术运算符见表 1-2。算术运算符的用法比较简单，这里不再举例说明。

表 1-2

符号	名称	含义
+	加法运算符	计算两个数相加的和
−	减法运算符	计算两个数相减的差
	负号	表示一个数的相反数
*	乘法运算符	计算两个数相乘的积
/	除法运算符	计算两个数相除的商
**	幂运算符	计算一个数的某次方
//	取整除运算符	计算两个数相除的商的整数部分（舍弃小数部分，不做四舍五入）
%	取模运算符	常用于计算两个正整数相除的余数

2．字符串运算符

"+"和"*"除了能作为算术运算符对数字进行运算，还能作为字符串运算符对字符串进行运算。"+"用于拼接字符串，"*"用于将字符串复制指定的份数，演示代码如下：

```
1    a = 'Hello'
2    b = 'Python'
3    c = a + ' ' + b
4    print(c)
5    d = b * 3
6    print(d)
```

代码运行结果如下：

```
1    Hello Python
2    PythonPythonPython
```

3. 赋值运算符

前面为变量赋值时使用的"="便是一种赋值运算符。常用的赋值运算符见表 1-3。

表 1-3

符号	名称	含义
=	简单赋值运算符	将运算符右侧的值或运算结果赋给左侧
+=	加法赋值运算符	执行加法运算并将结果赋给左侧
-=	减法赋值运算符	执行减法运算并将结果赋给左侧
*=	乘法赋值运算符	执行乘法运算并将结果赋给左侧
/=	除法赋值运算符	执行除法运算并将结果赋给左侧
**=	幂赋值运算符	执行求幂运算并将结果赋给左侧
//=	取整除赋值运算符	执行取整除运算并将结果赋给左侧
%=	取模赋值运算符	执行取模运算并将结果赋给左侧

下面以加法赋值运算符"+="为例，讲解赋值运算符的运用。演示代码如下：

```
1    price = 100
2    price += 98
3    print(price)
```

第 2 行代码相当于 price = price + 98，即将变量 price 的当前值（100）与 98 相加，再将计算结果（198）重新赋给变量 price。代码运行结果如下：

```
1    198
```

4. 比较运算符

比较运算符又称为关系运算符，用于判断两个值之间的大小关系，其运算结果为 True（真）或 False（假）。常用的比较运算符见表 1-4。

表 1-4

符号	名称	含义
>	大于运算符	判断运算符左侧的值是否大于右侧的值

符号	名称	含义
<	小于运算符	判断运算符左侧的值是否小于右侧的值
>=	大于或等于运算符	判断运算符左侧的值是否大于或等于右侧的值
<=	小于或等于运算符	判断运算符左侧的值是否小于或等于右侧的值
==	等于运算符	判断运算符左右两侧的值是否相等
!=	不等于运算符	判断运算符左右两侧的值是否不相等

比较运算符通常用于构造判断条件，以根据判断结果决定程序的运行方向。下面以小于运算符 "<" 为例，讲解比较运算符的运用。演示代码如下：

```
1   price = 48
2   if price < 50:
3       print('低于商品成本价')
```

因为变量 price 的值 48 小于 50，所以代码运行结果如下：

```
1   低于商品成本价
```

提 示

初学者需注意区分 "=" 和 "=="：前者是赋值运算符，用于给变量赋值；后者是比较运算符，用于比较两个值（如数字）是否相等。

5. 逻辑运算符

逻辑运算符一般与比较运算符结合使用，其运算结果也为 True（真）或 False（假），因而也常用于构造判断条件。常用的逻辑运算符见表 1-5。

表 1-5

符号	名称	含义
or	逻辑或	只有该运算符左右两侧的值都为 False 时才返回 False，否则返回 True
and	逻辑与	只有该运算符左右两侧的值都为 True 时才返回 True，否则返回 False

续表

符号	名称	含义
not	逻辑非	该运算符右侧的值为 True 时返回 False，为 False 时则返回 True

例如，一个整数只有同时满足"大于或等于 1"和"小于或等于 12"这两个条件时，才能被视为月份值。演示代码如下：

```
1   month = 5
2   if (month >= 1) and (month <= 12):
3       print(month, '是月份值')
4   else:
5       print(month, '不是月份值')
```

第 2 行代码中，"and"运算符左右两侧的判断条件都加了括号，其实不加括号也能正常运行，但是加上括号能让代码更易于理解。因为变量 month 的值同时满足设定的两个条件，所以会执行第 3 行代码，不会执行第 5 行代码。代码运行结果如下：

```
1   5 是月份值
```

如果把第 2 行代码中的"and"换成"or"，那么只要满足一个条件，就会执行第 3 行代码。

6. 成员检测运算符

Python 中的成员检测运算符是"in"和"not in"，其作用是判断一个数据是否为某个数据集合的成员。以"in"运算符为例，它能检测一个字符串是否包含另一个字符串，或者一个列表是否包含指定的元素，或者一个键是否出现在一个字典中，等等。检测结果为真时返回 True，为假时返回 False。演示代码如下：

```
1   a = 'Hello, Python!'
2   if '!' in a:
3       print('字符串a包含感叹号')
```

```
4    b = [4.8, 6.8, 2.8, 5.5, 8.8]
5    if 2.8 in b:
6        print('列表b包含数字2.8')
7    c = {'产品': '笔记本', '包装数量': '单本装', '页数': 60}
8    if '页数' in c:
9        print('字典c包含页数信息')
```

运行结果如下：

```
1    字符串a包含感叹号
2    列表b包含数字2.8
3    字典c包含页数信息
```

"not in"运算符进行的是"不包含"的检测，其返回的逻辑值与"in"运算符相反。

1.9　Python 的控制语句：if 语句

if 语句主要用于根据条件是否成立来执行不同的操作，其基本语法格式如下：

```
1    if  条件：  # 注意不要遗漏冒号
2        代码1  # 注意代码前要有缩进
3    else:  # 注意不要遗漏冒号
4        代码2  # 注意代码前要有缩进
```

在代码运行过程中，if 语句会判断其后的条件是否成立：如果成立，则执行代码 1；如果不成立，则执行代码 2。如果不需要在条件不成立时执行操作，可省略 else 及其后的代码。

在前面的学习中其实已经多次接触到 if 语句，这里再做一个简单的演示。代码如下：

```
1    price = 128
```

```
2    if price >= 100:
3        print('产品单价过高')
4    else:
5        print('产品单价合适')
```

因为变量 price 的值为 128，满足"大于或等于 100"的条件，所以代码运行结果如下：

```
1    产品单价过高
```

提 示

if、for、while、try/except 等语句都是通过冒号和缩进来区分代码块之间的层级关系的。如果遗漏了冒号或缩进，运行代码时就会报错。

Python 对缩进量的要求也非常严格，同一个层级的代码块，其缩进量必须一样。此外，有时缩进不正确虽然不会报错，但是会使 Python 解释器不能正确地理解代码块之间的层级关系，从而得不到预期的运行结果。因此，读者在阅读和编写代码时一定要注意其中的缩进。

1.10 Python 的控制语句：for 语句

for 语句常用于完成指定次数的重复操作，其基本语法格式如下：

```
1    for i in 可迭代对象（如列表、字符串、字典等）：   # 注意不要遗漏
     冒号
2        要重复执行的代码   # 注意代码前要有缩进
```

用列表作为可迭代对象的演示代码如下：

```
1    goods = ['服装', '鞋帽', '餐具']
2    for i in goods:
3        print(i)
```

在上述代码的运行过程中，for 语句会依次取出列表 goods 中的元素并赋

给变量 i，每取一个元素就执行一次第 3 行代码，直到取完所有元素为止。因为列表 goods 中有 3 个元素，所以第 3 行代码会被重复执行 3 次。代码运行结果如下：

```
1    服装
2    鞋帽
3    餐具
```

这里的 i 只是一个代号，可以换成其他变量。例如，将第 2 行代码中的 i 改为 j，则第 3 行代码就要相应改为 print(j)，得到的运行结果是一样的。

如果用字符串作为可迭代对象，则变量 i 代表字符串中的字符。演示代码如下：

```
1    str1 = 'AI助手'
2    for i in str1:
3        print(i)
```

代码运行结果如下：

```
1    A
2    I
3    助
4    手
```

如果用字典作为可迭代对象，则变量 i 代表字典的键。实践中更常见的写法是用字典的 items() 函数将键和值成对取出，演示代码如下：

```
1    goods = {'服装': 1640, '鞋帽': 549, '餐具': 1312}
2    for m, n in goods.items():
3        print(m, n)
```

第 2 行代码表示用字典的 items() 函数将键和值成对取出，再将它们分别赋给变量 m 和 n。代码运行结果如下：

```
1    服装 1640
```

```
2    鞋帽 549
3    餐具 1312
```

此外，Python 编程中还常用 range() 函数创建一个整数序列用于控制循环次数，演示代码如下：

```
1    for i in range(3):
2        print('第', i + 1, '次')
```

range() 函数创建的序列默认从 0 开始，并且该函数具有"左闭右开"的特性：起始值可以取到，而终止值取不到。因此，第 1 行代码中的 range(3) 表示创建一个整数序列——0、1、2。代码运行结果如下：

```
1    第 1 次
2    第 2 次
3    第 3 次
```

1.11 Python 的控制语句：while 语句

while 语句用于在指定条件成立时重复执行操作，其基本语法格式如下：

```
1    while 条件：  # 注意不要遗漏冒号
2        要重复执行的代码  # 注意代码前要有缩进
```

演示代码如下：

```
1    a = 1
2    while a < 3:
3        print(a)
4        a += 1
```

第 1 行代码令变量 a 的初始值为 1；第 2 行代码的 while 语句会判断 a 的值是否满足"小于 3"的条件，判断结果是满足，因此执行第 3 行和第 4 行代码，先输出 a 的值 1，再将 a 的值增加 1 变成 2；随后返回第 2 行代码进行判断，此时 a 的值仍然满足"小于 3"的条件，所以会再次执行第 3 行和第 4 行代码，先输出 a 的值 2，再将 a 的值增加 1 变成 3；随后返回第 2 行代码进行判断，此时 a 的值已经不满足"小于 3"的条件，循环便终止了，不再执行第 3 行和第 4 行代码。代码运行结果如下：

```
1    1
2    2
```

如果将 while 语句后的条件设置为 True，可创建永久循环，演示代码如下：

```
1    while True:
2        print('Hello, Python!')
```

上述代码在运行后将在屏幕上持续输出指定字符串，直到用户按快捷键〈Ctrl+C〉强制终止程序为止。

1.12　Python 的控制语句：try/except 语句

try/except 语句可以避免因某一行代码出错而导致整个程序终止运行，其基本语法格式如下：

```
1    try:  # 注意不要遗漏冒号
2        主代码  # 注意代码前要有缩进
3    except:  # 注意不要遗漏冒号
4        主代码出错时要执行的代码  # 注意代码前要有缩进
```

演示代码如下：

```
1    try:
2        print(21 + '件')
3    except:
4        print('主代码运行失败')
```

因为数字和字符串不能直接相加，所以 try 语句下方的第 2 行代码运行时会报错，此时程序的运行流程会跳转到 except 语句的部分，这里是第 4 行代码。因此，代码运行结果如下：

```
1    主代码运行失败
```

在爬虫项目实战中，常常利用 try/except 语句来避免因某个页面爬取失败而导致整个爬取过程终止。但是不能过度使用 try/except 语句，因为有时需要根据报错信息定位出错的地方，以便进行程序调试。

1.13　Python 控制语句的嵌套

控制语句的嵌套是指在一个控制语句中包含一个或多个相同或不同的控制语句。可根据需要实现的功能采用不同的嵌套方式，例如，for 语句中嵌套 for 语句，if 语句中嵌套 if 语句，for 语句中嵌套 if 语句，if 语句中嵌套 for 语句，等等。

先来看一个在 if 语句中嵌套 if 语句的例子，演示代码如下：

```
1    views = 500
2    likes = 380
3    if views > 350:
4        if likes >= 300:
5            print('视频比较受欢迎，且观众认可度较高')
6        else:
7            print('视频比较受欢迎，但观众认可度不高')
8    else:
9        print('观众对此类视频不感兴趣')
```

第 3～9 行代码和第 4～7 行代码各为一个 if 语句，后者嵌套在前者之中。这个嵌套结构的含义是：如果变量 views 的值大于 350，且变量 likes 的值大于或等于 300，则输出"视频比较受欢迎，且观众认可度较高"；如果变量 views 的值大于 350，且变量 likes 的值小于 300，则输出"视频比较受欢迎，但观众认可度不高"；如果变量 views 的值小于或等于 350，则无论变量 likes 的值为多少，都输出"观众对此类视频不感兴趣"。因此，代码的运行结果如下：

1　　视频比较受欢迎，且观众认可度较高

接着来看一个在 for 语句中嵌套 if 语句的例子，演示代码如下：

```
1    for i in range(4):
2        if i % 2 == 0:
3            print(i, '是偶数')
4        else:
5            print(i, '是奇数')
```

第 1～5 行代码为一个 for 语句，第 2～5 行代码为一个 if 语句，后者嵌套在前者之中。第 1 行代码中 for 语句和 range() 函数的结合使用让 i 可以依次取值 0、1、2、3，然后进入 if 语句，当 i 被 2 整除的余数等于 0 时，输出 "i 是偶数" 的判断结果，否则输出 "i 是奇数" 的判断结果。因此，代码的运行结果如下：

```
1    0 是偶数
2    1 是奇数
3    2 是偶数
4    3 是奇数
```

再来看一个在 while 语句中嵌套 if 语句的例子，演示代码如下：

```
1    n = 1
2    sum = 0
3    while n <= 100:
4        if n % 2 == 0:
5            sum += n
6        n += 1
7    print('1～100范围内的所有偶数之和为：', sum)
```

第 3～6 行代码为一个 while 语句，第 4～5 行代码为一个 if 语句，后者嵌套在前者之中。第 3 行代码中 while 语句判断变量 n 的值是否小于或等于 100，如果满足条件，就进入 if 语句，检查 n 是否是偶数，当 n 为偶数时，执行第 5 行代码，将变量 sum 的值与 i 的值相加，当 n 不为偶数时，则会跳过第 5 行代码，直接执行第 6 行代码，将变量 n 的值增加 1。然后返回循环的开始，继续检查 n 是否小于或等于 100，直到 n 的值大于 100 为止。因此，代码的运行结果如下：

```
1    1~100范围内的所有偶数之和为：  2550
```

1.14 Python 的自定义函数

函数就是把具有独立功能的代码块组织成一个小模块，在需要时直接调用。函数又分为内置函数和自定义函数：内置函数是 Python 的开发者已经编写好的函数，用户可以直接调用，如前面介绍过的 print() 函数、len() 函数等；自定义函数则是用户自行编写的函数。

内置函数的数量毕竟是有限的，只靠内置函数不可能实现所有的功能，因此，编程中常常需要将频繁使用的代码编写为自定义函数。

1. 函数的定义与调用

在 Python 中使用 def 语句来定义一个函数，其基本语法格式如下：

```
1    def 函数名(参数)：  # 注意不要遗漏冒号，参数可以有一个或多个，也
     可以没有
2        实现函数功能的代码  # 注意代码前要有缩进
```

演示代码如下：

```
1    def page(x):
2        print(x + 1)
3    page(1)
```

第 1、2 行代码定义了一个名为 page 的函数，该函数有一个参数 x，函数的功能是输出 x 的值与 1 相加的运算结果。第 3 行代码调用 page() 函数，并用 1 作为函数的参数值。代码运行结果如下：

```
1    2
```

从上述代码可以看出，函数的调用很简单，只需要输入函数名和括号，如 page()。如果函数含有参数，如 page(x) 中的 x，那么在函数名后的括号中输入参数值即可。如果将上述第 3 行代码修改为 page(2)，那么运行结果就是 3。

定义函数时的参数称为形式参数，它只是一个代号，可以换成其他内容。例如，可以把上述代码中的 x 换成 y，代码如下：

```
1    def page(y):
2        print(y + 1)
3    page(1)
```

定义函数时也可以设置多个参数。以定义含有两个参数的函数为例，演示代码如下：

```
1    def page(x, y):
2        print(x + y + 1)
3    page(1, 2)
```

因为第 1 行代码在定义函数时设置了两个参数 x 和 y，所以第 3 行代码在调用函数时就需要在括号中输入两个参数值。代码运行结果如下：

```
1    4
```

定义函数时也可以不要参数，演示代码如下：

```
1    def page():
2        x = 1
3        print(x + 1)
4    page()
```

因为第 1 ～ 3 行代码在定义函数时没有设置参数，所以第 4 行代码直接输入函数名和括号就可以调用函数（注意不能省略括号）。代码运行结果如下：

```
1    2
```

2. 定义有返回值的函数

在前面的例子中，定义函数时都是直接用 print() 函数输出运行结果，之后就无法使用这个结果了。如果之后还要使用函数的运行结果，要在定义函数时用 return 语句设置返回值。演示代码如下：

```
1    def page(x):
2        return x + 1
3    a = page(1)
4    print(a)
```

第 1、2 行代码定义的 page() 函数的功能不是直接输出运算结果，而是将运算结果作为函数的返回值返回给调用函数的代码。第 3 行代码在执行时会先调用 page() 函数，并以 1 作为函数的参数值，page() 函数内部使用参数值进行运算，得到的结果为 2，再将 2 返回给第 3 行代码，赋给变量 a。代码运行结果如下：

```
1    2
```

3. 变量的作用域

简单来说，变量的作用域是指变量起作用的代码范围。具体到函数的定义，函数内使用的变量与函数外的代码是没有关系的，演示代码如下：

```
1    x = 1
2    def page(x):
3        x += 1
4        print(x)
5    page(3)
6    print(x)
```

运行结果如下：

```
1    4
2    1
```

　　第 4 行和第 6 行代码同样是输出变量 x 的值，为什么输出的结果不同呢？这是因为函数 page(x) 里面的 x 和外面的 x 没有关系。之前讲过，可以把 page(x) 换成 page(y)，演示代码如下：

```
1   x = 1
2   def page(y):
3       y += 1
4       print(y)
5   page(3)
6   print(x)
```

代码运行结果如下：

```
1   4
2   1
```

　　可以发现，两段代码的运行结果一样。page(y) 中的 y 或者说 page(x) 中的 x 都只在函数内部生效，并不会影响外部的变量。正如前面所说，函数的形式参数只是一个代号，属于函数内的局部变量，因此不会影响函数外部的变量。

第 **2** 章
第 章

AI 辅助编程基础

以 ChatGPT 为代表的大语言模型在人工智能领域引发了一场巨大的变革，各行各业都在研究如何利用 AI 工具提高生产力，这其中的重点研究方向之一就是 AI 辅助编程。本章将介绍 AI 工具的基本使用方法，以及如何在爬虫编程中利用 AI 工具解决技术难题和提高开发效率。

2.1 初识 AI 工具

ChatGPT 的诞生在全球范围内掀起了一场人工智能竞赛，大量优秀的 AI 工具如雨后春笋般地涌现。下面简单介绍几款比较常用的 AI 工具。

1．ChatGPT

ChatGPT 是由 OpenAI 基于 GPT 模型开发的聊天机器人。它能理解人类的语言并与人类用户自然而流畅地对话和互动，它还能帮用户完成各种文本相关的任务，如撰写邮件、翻译文章、编写代码等。

2．文心一言

文心一言是由百度推出的大语言模型。它除了能像 ChatGPT 一样与人对话互动、回答问题、协助创作，还具备跨模态能力，能处理文本和图像等多种形态的数据。例如，用户可以输入文本指令，让文心一言生成图像，也可以上传图像，让文心一言用文本描述图像的内容。得益于百度在中文搜索领域深厚的技术积累，文心一言更熟悉中文，也更了解中国的文化和社会环境，从而能够更好地理解和满足中文用户的需求。

3．新必应

新必应是由微软推出的新一代搜索引擎，它结合了 ChatGPT 的核心技术，能够根据用户的提问搜索网络信息并进行总结，从而提供更加准确和智能的搜索结果。

4．通义千问

通义千问是由阿里云推出的大语言模型，功能包括多轮对话、文案创作、逻辑推理、多模态理解、多语言支持等。通义千问的"百宝袋"还提供效率类、生活类、娱乐类的预定义工具，让用户不需要编写复杂的指令就能快速撰写出歌词、菜谱、社交媒体文案、演示文稿大纲、直播带货脚本、行业分析报告等文本内容。

5．Claude

Claude 是由 Anthropic 开发的人工智能聊天机器人，它具备强大的自然语言处理功能，可以理解和回应人类的语言，并在对话中保持连贯性和语境的一致性。Claude 的最大优势在于它允许用户上传长篇文档，并对文档的内容进行分析或总结。

2.2 与 AI 工具对话的基本操作

目前市面上的主流 AI 工具的使用方式基本都是对话式的。这里以文心一言为例，讲解与 AI 工具对话的基本操作。

步骤01 **打开文心一言页面**。在网页浏览器中打开网址 https://yiyan.baidu.com/，进入文心一言的欢迎页面，单击页面中的"开始体验"按钮，如图 2-1 所示。

图 2-1

步骤02 **登录百度账号**。初次使用将弹出如图 2-2 所示的登录对话框。文心一言提供扫码登录、账号登录、短信登录等多种登录方式，用户按照对话框中的提示操作即可。

图 2-2

步骤 03 **进入对话页面**。登录成功后会进入文心一言的对话页面，如图 2-3 所示。

图 2-3

步骤 04 **输入指令或问题**。❶在页面底部的文本框中输入指令或问题，❷然后单击右侧的 ➤ 按钮或按〈Enter〉键，如图 2-4 所示。

图 2-4

步骤 05 **查看回答**。稍等片刻，页面中将以"一问一答"的形式依次显示用户输入的指令和文心一言的回答，如图 2-5 所示。

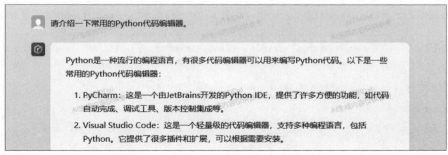

图 2-5

步骤06 **修改指令**。如果发现指令描述不够准确，可修改指令，让文心一言重新回答。将鼠标指针放在指令上，❶单击右侧浮现的 ✐ 按钮，如图 2-6 所示，进入编辑状态，❷修改指令，❸然后单击 ✓ 按钮保存并提交更改，如图 2-7 所示。

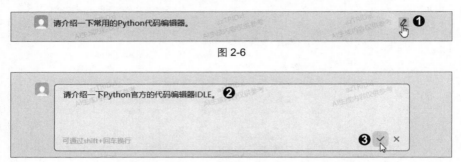

图 2-6

图 2-7

步骤07 **重新生成回答**。稍等片刻，文心一言会根据修改后的指令重新生成回答，如图 2-8 所示。

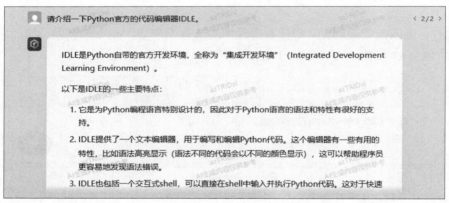

图 2-8

步骤08 **强制要求重新生成**。如果指令是准确的，但对生成结果不满意，可单击输出区域下方的"重新生成"按钮，要求文心一言重新生成回答，如图 2-9 所示。

6. IDLE也有一些局限性，例如它没有一些高级的IDE具有的功能，例如代码自动完成、强大的调试工具等。对于大型的、复杂的项目，可能会更适合使用更专业的IDE，例如PyCharm。

总的来说，IDLE是一个简单但功能齐全的Python开发环境，适合初学者或者小型项目使用。

重新生成

图 2-9

步骤09 **查看不同版本的生成结果**。重新生成回答后，在输出区域右侧会显示一组按钮，❶单击左右两侧的箭头按钮，如图 2-10 所示，❷可切换浏览不同版本的生成结果，如图 2-11 所示。

图 2-10

图 2-11

步骤10 **查看全部生成结果**。❶单击输出区域右侧的数字按钮，如图 2-12 所示，❷页面右侧会显示全部生成结果，如图 2-13 所示。如需关闭显示结果，可单击该区域左上角的⊠按钮。

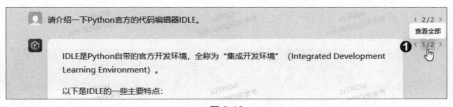

图 2-12

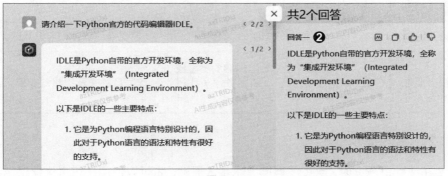

图 2-13

2.3 设计提示词的原则和技巧

与 AI 工具对话时，用户输入的指令或问题实际上有一个专门的名称——提示词（prompt）。提示词是人工智能和自然语言处理领域中的一个重要概念，它能影响机器学习模型处理和组织信息的方式，从而影响模型的输出。清晰和准确的提示词可以帮助模型生成更准确、更可靠的输出。本节将讲解如何通过优化提示词让 AI 工具生成高质量的回答。

1. 设计提示词的基本原则

提示词设计的基本原则没有高深的要求，其与人类之间交流时要遵循的基本原则是一致的，主要有以下 3 个方面。

（1）**提示词应没有错别字、标点错误和语法错误**。

（2）**提示词要简洁、易懂、明确，尽量不使用模棱两可或容易产生歧义的表述**。例如，"请写一篇介绍 Python 的文章，不要太长"是一个不好的提示词，因为其对文章长度的要求过于模糊，"请写一篇介绍 Python 的文章，不超过 900 字"则是一个较好的提示词，因为其明确地指定了文章的长度。

（3）**提示词最好包含完整的信息**。如果提示词包含的信息不完整，就会导致需要用多轮对话去补充信息或纠正 AI 工具的回答方向。提示词要包含的内容并没有一定之规，一般而言可由 4 个要素组成，具体见表 2-1。

表 2-1

名称	是否必选	含义	示例
指令	是	希望 AI 工具执行的具体任务	请对以下这篇文章进行改写
背景信息	否	任务的背景信息	读者对象是 10 岁的孩子
输入数据	否	需要 AI 工具处理的数据	（原文章的具体内容，从略）
输出要求	否	对 AI 工具输出内容的类型或格式的要求，如字数、写作风格等	改写后的文章不超过 500 字

2. 设计提示词的技巧

在设计提示词时，除了要遵循上述基本原则，还可以使用技巧来优化提示词。

（1）**用特殊符号分隔指令和输入数据**。在翻译、总结要点、提取信息等应用场景中，提示词必然会包含指令和待处理的文本（即输入数据）。为便于 AI 工具进行区分，可以用 "###" 或 """" 将待处理的文本括起来。演示对话如下：

👤 请从以下文本中提取 3 个关键词：

文本："""

Requests 模块是一个 Python 的 HTTP 客户端库，用于发送 HTTP 请求。它提供了一种简单且人性化的方法来发送 GET、POST 等 HTTP 请求，并可以获取响应的结果，包括响应状态码、响应头、响应体等信息。Requests 模块还支持处理 URL 参数、处理 Cookies、处理 Session 会话等操作，并且支持多种形式的身份认证、处理错误重试、自动选择最佳 HTTP 协议等高级功能。

"""

🅰️ 关键词：Requests 模块、HTTP 请求、响应结果

（2）**提供示例**。有时一些需求难以用简洁的文字准确地表达出来，可以通过提供示例来帮助 AI 工具更好地理解需求。演示对话如下：

👤 请从以下地址中提取省份并输出其全称。

例如：北京东城区景山前街→北京市

地址："""

浙江宁波市海曙区月湖之西天一街

广东省佛山市顺德区伦教三洲建设东路

新疆伊犁哈萨克自治州特克斯县

"""

🅰️ 提取的省份全称：

浙江宁波市海曙区月湖之西天一街→浙江省

广东省佛山市顺德区伦教三洲建设东路→广东省

新疆伊犁哈萨克自治州特克斯县→新疆维吾尔自治区

（3）**设定角色身份**。为了让 AI 工具以我们期望的方式工作，可以在提示词中为 AI 工具设定一个角色身份。通常在提示词的开头进行这种设定。演示对话如下：

👤 我需要你扮演一个翻译机器人。我将输入英文的原文，你只需要给出中文的译文，不需要做任何额外的解释。

AI 当然，请输入您需要翻译的英文原文。

👤 The Python launcher for Windows is a utility which aids in locating and execut-ing of different Python versions. It allows scripts (or the command−line) to in-dicate a preference for a specific Python version, and will locate and execute that version.

AI Windows 的 Python 启动器是一个实用工具，用于定位和执行不同版本的 Python。它允许脚本（或命令行）指定对特定 Python 版本的偏好，并将定位和执行该版本。

2.4　利用 AI 工具解读和修改代码

有时我们会用搜索引擎搜索一些代码来使用，但是由于水平有限，看不懂代码，也就不知道如何根据自身需求修改代码。本节就来讲解如何利用 AI 工具解读和修改代码。

假设我们在某个网页上找到了如下所示的 Python 代码，网页中声称这段代码可以通过创建数据透视表对工作簿中每个工作表的数据进行分类汇总。我们想知道这段代码能否真的实现声称的功能，还想知道代码的哪些地方是可以根据实际需求修改的。

```
1  import pandas as pd
2  df = pd.read_excel('销售统计表.xlsx', sheet_name=None)
3  with pd.ExcelWriter('销售统计表_数据透视表.xlsx') as work-
   book:
4      for name, data in df.items():
5          pivot = data.pivot_table(values='销售金额', index=
           '销售地区', columns='销售分部', aggfunc='sum', fill_
           value=0)
6          pivot.to_excel(workbook, sheet_name=f'{name}透视
           表', index=True)
```

步骤01 询问代码的功能。打开 AI 工具，进行如下所示的对话。可以看到，AI

工具不仅帮助我们确定了代码的功能，还讲解了代码的运行逻辑。

👤 你能解释一下这段 Python 代码是用来做什么的吗？

代码：`"""`

（要分析的代码内容，此处不再重复）

`"""`

🅰️ 这段 Python 代码使用了 pandas 模块来操作 Excel 工作簿。其目的是对工作簿"销售统计表.xlsx"中的每个工作表执行以下操作：

（1）打开工作簿"销售统计表.xlsx"并读取其中所有工作表的数据。

（2）创建一个新的工作簿"销售统计表_数据透视表.xlsx"。

（3）对于每个工作表执行以下操作：

①创建一个数据透视表，将销售金额按销售地区和销售分部进行汇总（使用 sum() 函数进行求和），同时确保缺失数据被填充为 0。

②将生成的数据透视表写入新创建的工作簿中，工作表的名称以原工作表名称为基础，添加了"透视表"后缀，同时保留了行标签（销售地区）。

（4）最终得到一个包含多个数据透视表的新工作簿"销售统计表_数据透视表.xlsx"。

总体来说，这段代码的功能是将一个工作簿中的多个工作表中的销售数据按照销售地区和销售分部进行汇总，然后将这些数据透视表保存到一个新的工作簿中。

步骤02 询问代码对输入文件的要求。 继续与 AI 工具进行如下所示的对话，了解代码对输入文件的要求，以便按照要求对自己的工作簿进行预处理。

👤 这段代码对输入的工作簿有什么要求吗？

🅰️ 这段代码对输入的工作簿有以下要求：

1. 工作簿文件的存在性

确保工作簿文件存在于代码中指定的文件路径下。

2. 工作表的存在性

工作簿中应包含一个或多个工作表，工作表中包含要进行数据透视的数据。如果没有任何工作表或没有数据，代码将无法执行成功。

3. 工作表中数据的结构

每个工作表中的数据应具有一致的结构，包括以下列：

（1）"销售金额"列：该列包含要进行汇总的数值数据（销售金额）。

（2）"销售地区"列：该列包含用于创建透视表行索引的地区信息。

（3）"销售分部"列：该列包含用于创建透视表列索引的分部信息。

4. 数据格式

数据应以 Excel 支持的数据格式存储。通常情况下，数值数据应为数值型，文本数据应为文本型。

5. 缺失值处理

如果数据中存在缺失值（例如，某些单元格为空），代码会将其填充为 0，因此请确保你的数据处理了缺失值或者你愿意将其填充为 0。

如果输入的工作簿不符合上述要求，代码可能会导致错误或产生不完整的结果。在运行代码之前，建议先检查和准备好工作簿，确保其符合代码的要求。

步骤03 **询问可修改的地方**。继续与 AI 工具进行如下所示的对话，了解代码中有哪些地方可以根据实际情况修改。

👤 这段代码中有哪些地方是可以根据实际情况修改的呢？

🅰️ 以下是可以根据实际情况修改的部分：

1. 文件路径

你可以根据实际情况修改"销售统计表.xlsx"和"销售统计表_数据透视表.xlsx"的文件路径，以确保代码能够正确地找到和保存文件。

2. 列名

如果你的实际数据中的列名不同，需要将"销售金额""销售地区""销售分部"相应地修改为实际数据中的列名。

3. 聚合函数

代码中使用了 aggfunc='sum' 来对数据进行求和。如果你需要使用不同的聚合函数，可以根据实际需求修改它。

4. 输出工作表名称

代码使用 sheet_name=f' {name} 透视表' 来为每个数据透视表设置工作表名称。你可以根据实际需求修改工作表名称的格式或内容。

5. 填充值

代码使用 fill_value=0 来指定在数据透视表中填充缺失值的默认值。如果你希望使用不同的填充值，可以修改这个值。

根据你的实际数据和需求，对上述部分所做的修改应该可以使代码适应不同的情况。

步骤 04 **询问如何修改代码。** 假设我们有一个工作簿 "学生体检统计表.xlsx"，其中的数据表格如图 2-14 所示，现在需要分别统计不同性别学生的身高和体重的最小值、最大值、平均值。

▲	A	B	C	D	E	F
1	姓名	性别	身高 (cm)	体重 (kg)		
2	叶*	男	164.77	71.83		
3	孔**	男	176.46	83.89		
4	李**	女	151.31	52.01		
5	张**	女	169.09	62.55		
6	鞠*	男	169.67	51.98		
7	曹*	男	166.21	65.79		
8	姜**	女	160.75	49.48		
9	尚*	男	158.15	80.65		
10	赵**	女	164.70	76.69		
11	陈*	女	172.31	57.97		

1班　2班　3班　⊕

图 2-14

继续与 AI 工具进行如下所示的对话，说明我们的需求，让它帮我们修改代码。

👤 请按照新的需求修改前面的代码：工作簿名称为 "学生体检统计表.xlsx"，每个工作表中的 "性别" 列作为行字段，"身高（cm）" 列和 "体重（kg）" 列作为值字段，对每个值字段分别统计最小值、最大值、平均值。

🅰 根据你提供的信息，可以修改代码如下：

```
import pandas as pd
df = pd.read_excel('学生体检统计表.xlsx', sheet_name=None)
with pd.ExcelWriter('学生体检统计表_透视表.xlsx') as work-
book:
    for name, data in df.items():
        pivot = data.pivot_table(index='性别', values=['身
高（cm）', '体重（kg）'], aggfunc={'身高（cm）': ['min',
'max', 'mean'], '体重（kg）': ['min', 'max', 'mean']})
        pivot.to_excel(workbook, sheet_name=f'{name}透视
表', index=True)
```

步骤05 **运行修改后的代码并查看运行结果**。将 AI 工具生成的新代码复制、粘贴到代码编辑器中并运行（具体方法见 1.4 节），然后打开生成的工作簿“学生体检统计表_透视表.xlsx”，可以看到按照新的要求创建的数据透视表，如图 2-15 所示。

	体重（kg）			身高（cm）		
	max	mean	min	max	mean	min
性别						
女	76.69	59.74	49.48	172.31	163.632	151.31
男	83.89	70.828	51.98	176.46	167.052	158.15

1班透视表 2班透视表 3班透视表

图 2-15

2.5 利用 AI 工具分析报错信息

运行代码时难免遇到出错的情况，处理程序的报错需要一定的经验。编程新手可以将错误的现象或 Python 解释器返回的报错信息输入 AI 工具，让它帮忙分析原因并给出解决办法。

步骤01 **询问报错原因**。打开 AI 工具，进行如下所示的对话。

以下是一段 Python 代码：

```
from selenium import webdriver
from selenium.webdriver.common.by import By
import re
import time
import pandas as pd
browser = webdriver.Chrome()
url = 'https://so.eastmoney.com/news/s?keyword=天猫&type=title'
browser.get(url)
code = ''
for i in range(2):
```

```
11        time.sleep(3)
12        code += browser.page_source
13        browser.find_element(By.XPATH, '//*[@id="app"]/div[3]/
          div[1]/div[4]/div/a[5]').click()
14    browser.quit()
15    p_title = '<div class="news_item_t" .*?><a href=".*?"tar-
      get="_blank">(.*?)</a>'
16    p_date = '<span class="news_item_time">(.*?)</span>'
17    title = re.findall(p_title, code, re.S)
18    date = re.findall(p_date, code, re.S)
19    for i in range(len(date)):
20        title[i] = re.sub('<.*?>', '', title[i])
21        date[i] = date[i].split(' ')[0]
22    data = {'标题': title, '日期': date}
23    data = pd.DataFrame(data)
24    data.to_excel('企业资讯.xlsx', index=False)
```

运行时出错，报错信息如下：
"""

ModuleNotFoundError: No module named 'selenium'
"""

请帮我分析出错原因并给出解决办法，谢谢。

AI 这个报错信息表示 Python 解释器在运行代码时找不到指定模块，这通常意味着你没有安装该模块。在这种情况下，你需要运行命令"pip install selenium"来安装 Selenium 模块。

步骤 02 **继续询问报错原因**。根据 AI 工具的回答，安装 Selenium 模块，再次运行代码，又出现了新的报错信息。继续与 AI 工具进行如下所示的对话。

我已经安装了 Selenium 模块，再次运行代码后得到如下报错信息：
"""

IndexError: list index out of range
"""

请帮我分析出错原因并给出解决办法，谢谢。

AI 这个报错信息意味着你在列表中使用了一个超出范围的索引号。在你的代码中，这个错误出现在如下的代码块中：

```
for i in range(len(date)):
    title[i] = re.sub('<.*?>', '', title[i])
    date[i] = date[i].split(' ')[0]
```

这里的问题可能是在处理正则表达式匹配后的结果时出现了一些错误，导致列表 title 和 date 的长度不同。解决办法如下：

1. 检查列表的长度

你可以使用 print(len(title)) 和 print(len(date)) 来查看列表 title 和 date 的长度，以确保它们的长度相等。

2. 检查正则表达式的匹配结果

如果检查后发现列表 title 和 date 的长度不同，则可能是因为某一个正则表达式不能正确地匹配到内容，你需要检查正则表达式，以确保其与网页标签的结构相匹配。

步骤 03 **修改代码以检查列表的长度**。根据 AI 工具的回答，在第 18 行代码后面添加以下两行代码：

```
print(len(title))
print(len(date))
```

重新运行代码后，这两行新增代码的输出结果如下。可以看到列表 title 和 date 的长度不同，并且列表 title 中没有任何元素，说明问题很有可能是与其相关的正则表达式编写错误，没有在网页中匹配到任何内容。

```
0
20
```

步骤 04 **根据网页源代码检查正则表达式**。使用开发者工具查看网页源代码（具体方法将在 3.2 节中讲解），可以看到标签对应的源代码中，href 属性和 target 属性之间有一个空格，如图 2-16 所示。而第 15 行代码的正则表达式中该位置没有空格。

图 2-16

步骤 05 **修改代码中的正则表达式**。根据检查结果，在第 15 行代码中添加必要的空格，修改结果如下：

```
1    p_title = '<div class="news_item_t".*?<a href=".*?" tar-
     get="_blank">(.*?)</a>'
```

步骤 06 **重新运行代码**。保存修改后的代码并再次运行，不再出现报错信息。代码运行完毕后，在代码文件所在的文件夹中会生成一个工作簿"企业资讯.xlsx"，打开该工作簿，可以看到成功地爬取了所需数据，如图 2-17 所示。

	A	B
1	标题	日期
2	淘宝天猫工业品参展工博会	2023-09-21
3	美妆个护变化太快！天猫首推快消功效图谱 联合六大美妆集团一年孵化500个千万新品	2023-09-20
4	青木股份：公司目前与天猫国际、京东国际平台均有合作	2023-09-20
5	天猫精灵新增未来精灵品牌 发布3款AIGC终端	2023-09-20
6	箭牌家居：智能家居方面与华为Harmony OS Connect以及天猫精灵等专业平台开展合作	2023-09-20
7	天猫精灵新增公司品牌"未来精灵XGENIE"	2023-09-19
8	乐宅生活、新成分美护、轻养生、精致养宠……8月天猫人气新品牌出炉 15个成交破亿 30	2023-09-19
9	天猫精灵新增未来精灵品牌: 发布3款AIGC终端 千万用户将升级大模型体验	2023-09-19
10	茅台再跨界 天猫超市首单"茅小凌酒心巧克力"已由菜鸟完成履约	2023-09-16
11	茅台德芙联名巧克力正式开售，天猫三店首发，两粒装70元	2023-09-16
12	iPhone 15开启预售: 官网闪崩 天猫称半小时内补货9次	2023-09-16

图 2-17

2.6 利用 AI 工具阅读技术文档

技术文档在 Python 程序开发中起着至关重要的作用。不论是新手还是老手，都需要通过阅读技术文档来深入了解编程语言和第三方模块的技术细节，获取最新信息或学习先进技术。编程相关的技术文档中，有许多是用外文编写的，如果自身的外语水平有限，可以用 AI 工具翻译技术文档，或者用 AI 工具将复杂的专业术语和概念转换成易于理解的文字，帮助我们更轻松地阅读和理解技术文档。

步骤01 **讲解文档大意**。打开 AI 工具，进行如下所示的对话。

👤 下面是从 BeautifulSoup 模块的官方文档中摘录的一个片段：
"""

BeautifulSoup will never be as fast as the parsers it sits on top of. If response time is critical, if you're paying for computer time by the hour, or if there's any other reason why computer time is more valuable than programmer time, you should forget about BeautifulSoup and work directly atop lxml.

That said, there are things you can do to speed up BeautifulSoup. If you're not using lxml as the underlying parser, my advice is to start. BeautifulSoup parses documents significantly faster using lxml than using html.parser or html5lib.

You can speed up encoding detection significantly by installing the cchardet library.

Parsing only part of a document won't save you much time parsing the document, but it can save a lot of memory, and it'll make searching the document much faster.

"""

请用通俗易懂的中文为我讲解一下上述片段的主要意思，不要直接翻译，谢谢。

🤖 这段话的主要意思是，BeautifulSoup 模块虽然是一个强大的 HTML 解析工具，但它的解析速度不如它所依赖的底层解析器。如果你关心程序的响应速度，或者你需要支付按小时计费的计算机时间，或者有其他原因使得计算机时间比程序员的时间更宝贵，那么你应该考虑直接使用 lxml 模块，而不是 BeautifulSoup 模块。

不过，作者也提到了一些方法来加速 BeautifulSoup 模块的解析过程。首先，建议使用 lxml 作为底层解析器，因为相比于 html.parser 或 html5lib，BeautifulSoup 模块使用 lxml 的解析速度更快。其次，你可以安装 cchardet 模块来显著提高字符编码检测的速度。

另外，作者还指出，只解析文档的一部分内容虽然不会显著提高解析速度，但可以节省大量内存，并且可以提高在文档中搜索数据的速度。

步骤 02 **提取关键信息的摘要**。AI 工具的回答已经让我们理解了这个片段的大意。为了进一步领会精髓，我们还可以请 AI 工具提取关键信息的摘要。继续与 AI 工具进行如下对话。

请帮我从以上回答中提取关键信息的摘要，谢谢。

当然，我可以为你提取出关键信息的摘要：

（1）BeautifulSoup 模块解析 HTML 的速度不如底层解析器，如果程序的响应速度很重要，或者计算机时间比程序员的时间更宝贵，建议直接使用 lxml 模块。

（2）为提高 BeautifulSoup 模块的速度，建议使用 lxml 模块作为底层解析器，同时安装 cchardet 模块以提高字符编码的检测速度。

（3）只解析文档的一部分内容不能显著提高整体解析速度，但能节省内存并提高在文档中搜索数据的速度。

第 **3** 章

网页的初步分析

网络爬虫的核心目标是网页中的数据，因此，在编写代码之前必须先分析数据的载体——网页。通过分析网页的源代码，我们可以了解网页的结构和数据的分布位置，为提取数据打下基础；通过分析网页的加载方式，我们才能选择合适的技术方案去获取网页源代码。本章将介绍网页分析的基本方法和技巧，为后续学习编写爬虫代码奠定基础。

3.1　查看网页源代码：右键快捷菜单

网页浏览器中显示的网页是浏览器根据网页源代码进行渲染后呈现出来的。网页源代码规定了网页中要显示的文字、链接、图片等信息的内容和格式。在谷歌浏览器中可以通过右键快捷菜单查看网页源代码。

步骤01 **执行"查看网页源代码"命令**。在谷歌浏览器中打开任意一个网页，这里打开百度搜索引擎（https://www.baidu.com/），并搜索关键词"Python 官方网站"。❶在搜索结果页面的空白处单击鼠标右键，❷在弹出的快捷菜单中单击"查看网页源代码"命令，如图 3-1 所示。也可以按快捷键〈Ctrl+U〉。

图 3-1

步骤02 **显示网页源代码**。随后会弹出一个窗口，显示当前网页的源代码，如图 3-2 所示。用鼠标滚轮上下滚动页面，可以看到更多的源代码内容。

图 3-2

在显示网页源代码的窗口中，可以按快捷键〈Ctrl+F〉打开搜索框，搜索和定位我们感兴趣的内容。

3.2 查看网页源代码：开发者工具

谷歌浏览器提供的开发者工具能直观地指示网页元素和源代码的对应关系，帮助我们更快捷地分析和定位数据。

步骤01 **打开开发者工具**。在谷歌浏览器中打开网页，然后按〈F12〉键或快捷键〈Ctrl+Shift+I〉，即可打开开发者工具。此时窗口分为上下两个部分（见图 3-3）：上半部分是网页；下半部分是开发者工具，其中默认显示的是"Elements"选项卡，该选项卡中的内容就是网页源代码。源代码中被"<>"括起来的文本称为 HTML 标签，我们需要提取的数据就存放在这些标签中。

图 3-3

在"Elements"选项卡中，可以按快捷键〈Ctrl+F〉打开搜索框，搜索和定位我们感兴趣的内容。部分 HTML 标签的前方带有 ▼ 按钮或 ▶ 按钮，单击这两个按钮可以对标签下的内容进行折叠或展开。

单击开发者工具右上角的 ⋮ 按钮，在展开的菜单中的"Dock side"选项组中可以更改开发者工具在窗口中的位置，如停靠在窗口左侧或右侧。

步骤02 **查看网页元素对应的源代码。**❶单击开发者工具左上角的元素选择工具按钮 ，按钮变成蓝色，❷将鼠标指针移到窗口上半部分的任意一个网页元素（如"百度一下"按钮）上，该元素会被突出显示，❸同时开发者工具的"Elements"选项卡中该元素对应的源代码也会被突出显示，如图 3-4 所示。

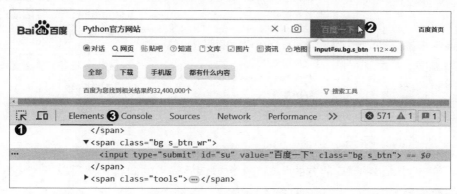

图 3-4

> **提 示**
>
> 在窗口上半部分的任意一个网页元素上单击鼠标右键，在弹出的快捷菜单中执行"检查"命令，"Elements"选项卡中将会自动跳转并突出显示该网页元素对应的网页源代码。

3.3 认识常见的 HTML 标签

◎ 素材文件：实例文件 \ 03 \ test.html

大部分网页元素是由格式类似"<×××> 文本内容 </×××>"的代码来定义的，这种代码称为 HTML 标签。下面以一个简单的网页为例，介绍一些常见的 HTML 标签。

1. 定义网页基本框架的标签

在谷歌浏览器中打开网页文档"test.html"，然后按〈F12〉键或快捷键〈Ctrl+Shift+I〉，打开开发者工具，可以在"Elements"选项卡中看到网页的基本框架，如图 3-5 所示。

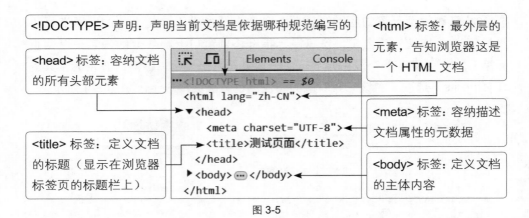

图 3-5

2. <div> 标签

单击 <head> 标签前方的 ▼ 按钮，折叠该标签下的内容。然后单击 <body> 标签前方的 ▶ 按钮，展开该标签下的内容。首先看到的是一个 <div> 标签，它用于定义一个区块，即划定一个区域来显示指定的内容。区块的外观通过 style 属性的参数来定义，例如，用参数 height 和 width 定义区块的高度和宽度，用参数 border 定义区块边框的格式（如粗细、线型、颜色等）。在窗口上半部分的页面中可以看到，这个 <div> 标签经过浏览器的渲染后得到的是一个红色虚线矩形框，框中的文本就是被 <div> 标签括起来的文本，如图 3-6 所示。

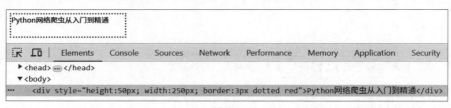

图 3-6

3. <h> 标签

继续往下浏览，可看到 3 个 <h> 标签。<h> 标签用于定义不同层级的标题，它细分为 <h1> 到 <h6> 共 6 个标签，这里只展示了其中的 <h1>、<h2>、<h3>。标签中的数字越大，所定义的标题字号越小，说明标题的层级也越低，如图 3-7 所示。

图 3-7

4. <p> 标签、<span> 标签

继续往下浏览，可以看到 2 个 <p> 标签，第 2 个 <p> 标签中还嵌套着一个 <span> 标签。<p> 标签用于定义段落。<span> 标签用于将段落中的一部分文本独立出来，以便为其设置不同的格式。

这里的第 1 个 <p> 标签中未使用 <span> 标签，所以段落中所有文本的格式相同；而第 2 个 <p> 标签中则使用 <span> 标签将"动态"二字设置为粗体和斜体格式，如图 3-8 所示。

图 3-8

5. <ul> 标签、<ol> 标签、<li> 标签

继续往下浏览，可以看到 <ul> 标签和 <li> 标签的嵌套组合。<ul> 标签用于定义无序列表，列表的条目则用嵌套在 <ul> 标签下的 <li> 标签来定义，默认显示的项目符号格式为实心圆点，如图 3-9 所示。

继续往下浏览，可以看到 <ol> 标签和 <li> 标签的嵌套组合。<ol> 标签用于定义有序列表，列表的条目同样是用 <li> 标签来定义，默认显示的编号格式为类似"1.""2.""3."的数字序列，如图 3-10 所示。

图 3-9

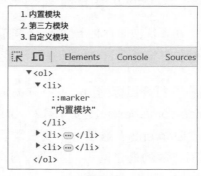

图 3-10

6. <a> 标签

继续往下浏览，可以看到一个嵌套在 <p> 标签中的 <a> 标签。<a> 标签用于定义链接，被该标签括起的文本就是链接的文本，该标签的 href 属性用于指定链接的地址，如图 3-11 所示。如果单击网页中的链接"Python 官方网站"，就会跳转到 Python 官方网站的首页。

图 3-11

7. <img> 标签

继续往下浏览，可以看到一个嵌套在 <p> 标签中的 <img> 标签。<img> 标签用于显示图片，该标签的 src 属性用于指定图片的网址，alt 属性用于指定图片的替换文本（在图片无法正常加载时显示），如图 3-12 所示。

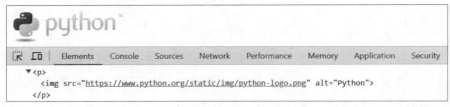

图 3-12

3.4　剖析网页的结构

初步认识 HTML 标签后，下面再通过剖析百度新闻的页面结构，帮助读者进一步理解各个 HTML 标签的作用。

步骤01 **打开目标网页**。在谷歌浏览器中打开百度新闻体育频道（https://news. baidu.com/sports），按〈F12〉键或快捷键〈Ctrl+Shift+I〉，打开开发者工具，在"Elements"选项卡下查看网页源代码，如图 3-13 所示。其中 <body> 标签下存放的是该网页的主要内容，包括 4 个 <div> 标签和一些 <style> 标签、<script> 标签。

图 3-13

步骤02 **查看前 3 个标签对应的区域**。这里重点查看 4 个 <div> 标签。在网页源代码中分别单击前 3 个 <div> 标签，可以在窗口的上半部分看到它们在网页中所对应的区域，如图 3-14 所示。

图 3-14

步骤03 **查看第 4 个标签对应的区域**。单击第 4 个 <div> 标签，可看到其对应网页底部的区域，如图 3-15 所示。

图 3-15

步骤04 **展开标签**。单击每个 <div> 标签前方的折叠 / 展开按钮，可看到该 <div> 标签下的标签，可能是另一个 <div> 标签，也可能是 <ul> 标签、<li> 标签等，如图 3-16 所示，这些标签同样可以继续展开。这样一层层地剖析，就能大致了解当前网页的结构组成和源代码之间的对应关系。

图 3-16

步骤05 **查看图片链接标签。** 前面介绍 <a> 标签时定义的是一个文字链接，而许多网页源代码中的 <a> 标签下还包含 <img> 标签，这表示该链接是一个图片链接。如图 3-17 所示为百度新闻页面中的一个图片链接及其对应的源代码，在网页中单击该图片，就会跳转到 <a> 标签中指定的网址。

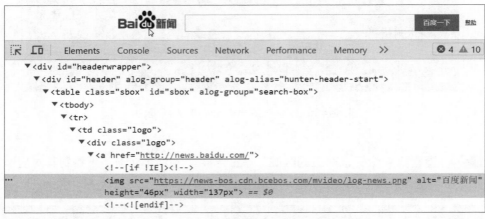

图 3-17

经过剖析可以发现，百度新闻页面中的新闻标题和链接基本是由大量 <li> 标签下嵌套的 <a> 标签定义的。取出 <a> 标签的文本和 href 属性值，就能得到每条新闻的标题和详情页链接。

3.5 判断网页的类型

在编写爬虫代码前，首先要明确待爬取的网页是静态的还是动态的，因为这两种网页的分析和爬取方法是不同的。下面介绍判断网页类型的常用方法。

1. 根据加载内容的方式判断

静态网页的内容在初次加载后就已经确定，不会随着用户的互动而改变，而动态网页通常会随着用户的互动（如向下滚动页面）加载新的内容。以哔哩哔哩的"美食制作"页面为例，首先打开目标网页（https://www.bilibili.com/v/food/make/），查看"近期投稿"栏目，如图 3-18 所示。用鼠标滚轮向下滚动页面，该栏目中会不断加载出新的内容，窗口右侧的滚动条也随之越来越短，而地址栏中的网址始终不变，如图 3-19 所示。这说明这个网页是动态的。

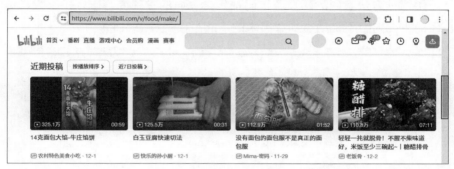

图 3-18

图 3-19

2. 根据网页源代码判断

3.1 节和 3.2 节分别介绍了查看网页源代码的两种方法，这两种方法看到的网页源代码实际上是有区别的：用右键快捷菜单看到的网页源代码是网站服

务器返回给浏览器的原始源代码，用开发者工具看到的网页源代码则是浏览器
对原始源代码做了错误修正和动态加载的结果。

　　上述区别可以作为判断网页类型的依据：如果两种方法看到的网页源代码
基本相同，说明浏览器在接收到服务器返回的原始源代码后没有做大量的动态
加载，那么该网页很可能是静态网页；如果用右键快捷菜单看到的网页源代码
不包含网页的主要内容，而用开发者工具看到的网页源代码包含网页的主要内
容，说明网页的主要内容是浏览器在接收到服务器返回的原始源代码后动态加
载出来的，那么该网页很可能是动态网页。

　　以新浪财经的博客页面（https://finance.sina.com.cn/roll/index.d.html?cid=
57563&page=1）为例，首先打开目标网页，并用开发者工具查看网页源代码，
可以在其中看到页面的主要内容，如图 3-20 所示。然后用右键快捷菜单或按
快捷键〈Ctrl+U〉查看网页源代码，也能在其中搜索到页面的主要内容，如图 3-21
所示。用两种方法看到的网页源代码都包含页面的主要内容，区别不大，这说
明页面的主要内容不是动态加载出来的，此页面是静态页面。

图 3-20

图 3-21

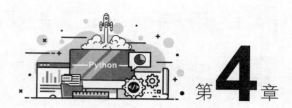

第 4 章

静态网页的爬取

　　不论是静态网页还是动态网页，其爬取过程都分为 3 个主要步骤：获取包含所需数据的网页源代码；从网页源代码中提取数据；对数据进行清洗和存储。

　　静态网页的内容不会动态变化，因而其爬取难度也相对较低。本章将讲解静态网页的爬取方法，主要包括如何获取静态网页的源代码并从其中提取需要的数据。

4.1 用 Requests 模块获取静态网页的源代码

◎ 代码文件：实例文件 \ 04 \ 4.1 \ 用Requests模块获取静态网页的源代码.py

静态网页的源代码通常使用 Requests 模块来获取。该模块是一个 Python 第三方模块，安装方法在前面已经介绍过，这里不再赘述。

在编写代码之前，需要做一些准备工作，下面以中国科技网国际科技频道的今日视点页面（http://www.stdaily.com/guoji/shidian/jrsd.shtml）为例进行讲解。

第 1 项准备工作是确定目标网页的类型。在谷歌浏览器中打开目标网页，用第 3 章介绍的方法进行分析，可以确定该页面为静态网页。

第 2 项准备工作是获取目标网页的完整网址。可以在浏览器中访问目标网页，成功打开页面后，复制地址栏中的完整网址，粘贴到代码编辑器中使用。

第 3 项准备工作是获取浏览器的 User-Agent（用户代理）值。User-Agent 值的主要作用是帮助爬虫代码伪装成某种浏览器的身份，使爬虫代码向网站服务器发送的请求看起来更像是正常用户的请求，从而降低被服务器封禁的风险。不同浏览器的 User-Agent 值不同，这里以谷歌浏览器为例讲解获取 User-Agent 值的方法：❶打开谷歌浏览器，在地址栏中输入"chrome://version"（注意要在英文输入状态下输入），按〈Enter〉键，❷在打开的页面中找到"用户代理"项，后面的字符串就是 User-Agent 值，如图 4-1 所示。选中 User-Agent 值，将其复制、粘贴到代码编辑器中使用。

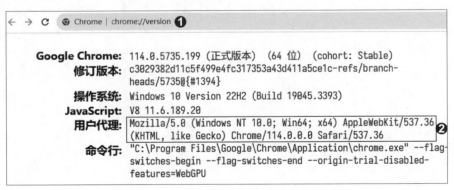

图 4-1

第 4 项准备工作是确定目标网页的编码格式。在谷歌浏览器中打开目标页面，按〈F12〉键或快捷键〈Ctrl+Shift+I〉打开开发者工具，然后展开位于网页源代码开头部分的 <head> 标签（该标签主要用于存储编码格式、网页标题等信息），如图 4-2 所示。该标签下的 <meta> 标签中的参数 charset 对应的就是网页的编码格式，可以看到目标网页的编码格式为 UTF-8。

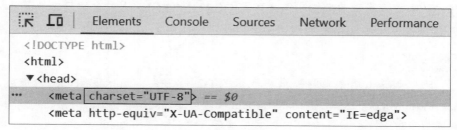

图 4-2

做完上述准备工作后，就可以编写获取目标网页源代码的 Python 代码了。演示代码如下：

```
1  import requests
2  url = 'http://www.stdaily.com/guoji/shidian/jrsd.shtml'
3  headers = {'User-Agent': 'Mozilla/5.0 (Windows NT 10.0; Win64;
   x64) AppleWebKit/537.36 (KHTML, like Gecko) Chrome/114.0.
   0.0 Safari/537.36'}
4  response = requests.get(url=url, headers=headers)
5  response.encoding = 'utf-8'
6  result = response.text
7  with open(file='html_code.txt', mode='w', encoding=
   'utf-8') as f:
8      f.write(result)
```

第 1 行代码用于导入 Requests 模块。

第 2 行代码将目标网页的网址赋给变量 url。

第 3 行代码定义了一个字典 headers，它只有一个键值对：键为 'User-Agent'，值则是前面获取的谷歌浏览器的 User-Agent 值。这个字典的内容是请求头，除了最基本的 User-Agent 值，还可以根据需求添加其他内容。

第 4 行代码使用 Requests 模块中的 get() 函数对目标网页的网址发起请求，服务器会根据请求的网址返回一个响应对象。参数 url 用于指定网址，这里将参数值设置成第 2 行代码定义的变量 url；参数 headers 用于指定请求头，这里将参数值设置成第 3 行代码定义的字典 headers。

前面已分析出目标网页的编码格式为 UTF-8，因此，第 5 行代码将响应对象的 encoding 属性设置为 'utf-8'，以避免获得的网页源代码出现乱码。除了 UTF-8，中文网页常见的编码格式还有 GB2312 和 GBK（前者是后者的子集）。对于使用这两种编码格式的网页，可将这行代码中的 'utf-8' 修改为 'gbk'。

> **提　示**
>
> 除了用开发者工具查看目标网页的编码格式，还可以调用响应对象的 apparent_encoding 属性，让 Requests 模块自动推测编码格式，再将推测结果赋给响应对象的 encoding 属性，即将第 5 行代码修改为 response.encoding = response.apparent_encoding。

第 6 行代码通过响应对象的 text 属性从响应对象中提取网页源代码。

网页源代码的内容通常较多，如果直接用 print() 函数输出，会不便于进行后续的分析，因此，这里将获得的网页源代码保存成文本文件。第 7 行代码使用 open() 函数创建了一个文本文件 "html_code.txt"，第 8 行代码使用 write() 函数将获得的网页源代码写入该文件。open() 函数是 Python 的内置函数，用于打开文件。该函数有 3 个常用参数：file，用于指定文件的路径，可为绝对路径或相对路径；mode，用于指定打开文件的模式，在处理文本文件时，该参数的常用值见表 4-1；encoding，用于指定文本文件的编码格式。

表 4-1

参数值	含义
'r'	以只读方式打开文件。如果文件不存在，则会报错
'w'	打开一个文件，以覆盖的方式写入内容。如果该文件不存在，会创建新文件。如果该文件已存在，则打开文件时会清除已有内容
'a'	打开一个文件，以追加的方式写入内容。如果该文件不存在，会创建新文件。如果该文件已存在，则在已有内容之后写入新内容

> **提　示**
>
> 在实际应用中，通常将 open() 函数与 with...as... 语句结合使用，其基本语法格式如下。当 with...as... 语句下方的代码段执行完毕后，文件会被自动关闭。如果在读写文件的过程中发生意外导致代码中断执行，with...as... 语句也能确保文件被正常关闭。

```
1  with open(...) as f:  # 注意不要遗漏冒号，变量f可以换成其他
   变量名
2      读写文件内容的代码段  # 注意代码前要有缩进
```

运行上述代码后，打开生成的文本文件"html_code.txt"，浏览获得的网页源代码，可以看到页面的主要内容，如图 4-3 所示，说明网页源代码获取成功。

```
<h3>
    <a href="/guoji/shidian/202309/500f3c328540445ba5de23c790c8b55f.shtml" target=
    "_blank">多种动物受高温和热浪影响的结果出炉—— 它们可能比人类更怕热|今日视点</a>
</h3>

<dt><a href="/guoji/shidian/202309/500f3c328540445ba5de23c790c8b55f.shtml" target=
"_blank">
```

所在位置：国际科技频道 > 今日视点

多种动物受高温和热浪影响的结果出炉—— 它们可能比人类更怕热|今日视点

高温是热浪的结果，热浪是高温的成因。这对互为因果关系的存在，对人类十分不友好，对社会经济也有着深远影响。根据《自然·人类行为》稍早时间发表的一篇论文，气温特别高的几周，恰恰与家庭粮食不安全程度较高相

图 4-3

获得目标网页的源代码后，需要进行爬虫的第 2 步——从网页源代码中提取数据。这一步的常见思路有两种：第 1 种思路是将网页源代码当成字符串来处理，利用正则表达式搜索文本并匹配和提取数据；第 2 种思路是将网页源代码解析成一个可遍历的树状结构，在其中搜索和定位文档元素并提取数据。后面几节会依次讲解这两种思路的相关知识。

4.2　正则表达式的基础知识

◎ 代码文件：实例文件＼04＼4.2＼正则表达式的基础知识.py

如果包含数据的网页源代码文本具有一定的规律，那么可以使用正则表达式对字符串进行匹配，从而提取出需要的数据。

1. 正则表达式的基本语法

正则表达式由一些特定的字符组成，这些字符分为普通字符和元字符两种基本类型。

普通字符是指仅能描述其自身的字符，因而只能匹配与其自身相同的字符。普通字符包含字母（包括大写字母和小写字母）、汉字、数字、部分标点符号等。

元字符是指一些专用字符，它们不像普通字符那样按照其自身进行匹配，而是具有特殊的含义。常用的元字符见表 4-2。

表 4-2

元字符	含义
\w	匹配数字、字母、下划线、汉字
\W	匹配除数字、字母、下划线、汉字之外的任意字符
\s	匹配任意空白字符
\S	匹配除空白字符之外的任意字符
\d	匹配数字
\D	匹配非数字
.	匹配任意单个字符（换行符 "\r" 和 "\n" 除外）
?	匹配该元字符的前一个字符 0 次或 1 次
*	匹配该元字符的前一个字符 0 次或多次
+	匹配该元字符的前一个字符 1 次或多次
^	匹配字符串的开始位置
$	匹配字符串的结束位置
\	转义字符，可使其后的一个元字符失去特殊含义，匹配字符本身
( )	( ) 中的表达式称为一个组，组匹配到的字符能被取出
[ ]	规定一个字符集，字符集范围内的所有字符都能被匹配到
|	将匹配条件进行"逻辑或"运算

将普通字符和元字符组合成一定的规则，再按照这个规则在网页源代码中匹配符合要求的字符串，就能达到提取数据的目的。正则表达式的功能非常强大和灵活，但语法也比较复杂，初学者往往会感到无从下手。实际上，爬虫任务中大多数情况下只需要用到 "." "?" "*" "( )" 这几个元字符。

　　Python 内置了用于处理正则表达式的 re 模块，在爬虫任务中主要使用的是该模块的 findall() 函数。下面简单讲解爬虫常用元字符及 findall() 函数的用法，演示代码如下：

```
1    import re
2    text = 'ale aple apple appple'
3    result1 = re.findall('ap.le', text)
4    result2 = re.findall('ap?le', text)
5    result3 = re.findall('ap*le', text)
6    result4 = re.findall('ap.*le', text)
7    result5 = re.findall('ap.*?le', text)
8    result6 = re.findall('ap(.*?)le', text)
```

　　第 1 行代码用于导入 re 模块。

　　第 2 行代码将一个字符串赋给变量 text。

　　第 3～8 行代码分别使用不同的正则表达式从字符串 text 中提取信息。findall() 函数的第 1 个参数是正则表达式，第 2 个参数是要提取信息的字符串。

　　第 3 行代码的正则表达式 "ap.le" 中，"ap" 和 "le" 是普通字符，用于匹配它们自身，元字符 "." 用于匹配任意单个字符（"\r" 和 "\n" 除外），因此，这个正则表达式匹配的子字符串是以 "ap" 开头，后面跟着任意单个字符，最后以 "le" 结尾。如果输出变量 result1 的值，结果如下：

```
1    ['apple']
```

　　第 4 行代码的正则表达式 "ap?le" 中的元字符 "?" 用于匹配该元字符的前一个字符（这里是 "p"）0 次或 1 次，因此，这个正则表达式匹配的子字符串是以 "a" 开头，后面可以什么都不跟，也可以跟 1 个字符 "p"，最后以 "le" 结尾。如果输出变量 result2 的值，结果如下：

```
1    ['ale', 'aple']
```

　　第 5 行代码的正则表达式 "ap*le" 中的元字符 "*" 用于匹配该元字符的前一个字符（这里是 "p"）0 次或多次，因此，这个正则表达式匹配的子字符串是以 "a" 开头，后面可以什么都不跟，也可以跟着任意多个字符 "p"，最后以"le"结尾。如果输出变量 result3 的值，结果如下：

```
1  ['ale', 'aple', 'apple', 'appple']
```

第 6 行代码的正则表达式"ap.*le"中的".*"是由"."和"*"组合而成的匹配规则，表示匹配任意数量（包括 0 个）的任意字符，并且以"贪婪"的方式去匹配，即匹配尽量多的字符，得到最长的满足条件的匹配结果。如果输出变量 result4 的值，结果如下：

```
1  ['aple apple appple']
```

第 7 行代码的正则表达式"ap.*?le"中的".*?"是在第 6 行代码中的".*"末尾添加了"?"得到的，表示将匹配方式更改为"非贪婪"的方式，即匹配尽量少的字符，得到最短的满足条件的匹配结果。如果输出变量 result5 的值，结果如下：

```
1  ['aple', 'apple', 'appple']
```

第 8 行代码的正则表达式"ap(.*?)le"中的"(.*?)"是将第 7 行代码中的".*?"用"( )"括起来，表示将"( )"中的字符定义成一个组，组中匹配到的字符将被取出，作为匹配结果返回。如果输出变量 result6 的值，结果如下：

```
1  ['', 'p', 'pp']
```

提　示

findall() 函数的返回值是一个列表，即使只提取到一个子字符串，返回的也仍然是一个列表。如果没有匹配到任何结果，该函数将返回一个空列表。

2. 爬虫任务中常用的非贪婪匹配

上面简单演示了几种元字符的用法，实际上，在爬虫任务中最常用的是非贪婪匹配的两种形式："(.*?)"和".*?"。

"(.*?)"用于提取"文本 A"和"文本 B"之间的文本，如下所示。其中，"文本 A"和"文本 B"代表固定内容的文本，通常有较明显的特征，以实现精确的定位；"(.*?)"代表需要提取但又是变动的或没有规律的文本。

> 文本A(.*?)文本B

演示代码如下：

```
1  import re
2  text = '身高：174cm。体重：68.4kg。身高：163cm。体重：57.2kg。'
3  pattern = '身高：(.*?)cm。'
4  result = re.findall(pattern, text)
5  print(result)
```

第 3 行代码使用非贪婪匹配"(.*?)"编写了一个正则表达式作为匹配规则，其中的"身高："和"cm。"就是"文本 A"和"文本 B"，"(.*?)"则代表要提取的身高数值。代码运行结果如下：

```
1  ['174', '163']
```

".*?"用于代替"文本 A"和"文本 B"之间的文本，如下所示。被".*?"代替的文本是不需要提取的，但又是变动的或没有规律的，无法写到匹配规则里，或者内容较长，不便于写到匹配规则里。

> 文本A.*?文本B

演示代码如下：

```
1  import re
2  text = '姓名：李明。体重：68.4kg。姓名：王宏。体重：57.2kg。'
3  pattern = '姓名：.*?。体重：(.*?)kg。'
4  result = re.findall(pattern, text)
5  print(result)
```

上述代码中，变动的且不需要提取的姓名用".*?"代表，需要提取的体重数值则用"(.*?)"代表。代码运行结果如下：

```
1  ['68.4', '57.2']
```

> **提 示**
>
> findall() 函数返回的列表中的元素都是字符串，即使内容为数字，也不能直接用于数学运算，而是需要先进行数据类型的转换才能用于数学运算。

4.3 分析网页源代码并编写正则表达式

掌握了正则表达式的基础知识后，就可以运用正则表达式从网页源代码中提取数据了。要编写出正确的正则表达式，需要观察包含目标数据的网页源代码，找出其规律。下面以 4.1 节中的目标网页（http://www.stdaily.com/guoji/shidian/jrsd.shtml）为例讲解具体方法。

4.1 节中已经成功地用 Requests 模块获得了目标网页的源代码并保存成文本文件"html_code.txt"，严格来说应该以这个文本文件的内容为依据寻找规律。但是这种方式不便于分析网页源代码，因此，实践中通常先用开发者工具分析网页源代码并寻找规律，再到用 Requests 模块获取的网页源代码中对规律进行核准。

> **提 示**
>
> 编写正则表达式时，核准规律的步骤必不可少，原因是开发者工具中显示的网页源代码经过了浏览器的修正和整理，有时会与用 Requests 模块获取的网页源代码存在差异，即使很小的差异（如只差一个空格）也会导致编写出的正则表达式无法提取到所需数据。

用谷歌浏览器打开目标网页，按〈F12〉键或快捷键〈Ctrl+Shift+I〉，打开开发者工具。假设要提取的数据是页面中每条新闻的标题，❶单击左上角的元素选择工具按钮 ，❷定位页面中任意一条新闻的链接，❸查看对应的网页源代码，如图 4-4 所示。

用相同方法定位另一条新闻链接的网页源代码，如图 4-5 所示。

经过对比和总结，可以发现包含新闻标题的网页源代码有如下规律：

```
<h3>换行和缩进<a  href="网址"  target="_blank">标题</a>换行和
缩进</h3>
```

图 4-4

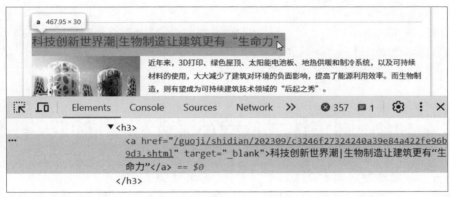

图 4-5

打开之前保存的文本文件"html_code.txt"，对上述规律进行核准。找到包含任意一条新闻标题的网页源代码，并与前面的分析结果进行仔细对比，可以发现"target="_blank""之后还有两个空格，如图 4-6 所示。浏览器认为这两个空格是多余的并将它们删除了，所以开发者工具中显示的网页源代码并没有这两个空格，但是在编写正则表达式时必须将它们考虑进去。

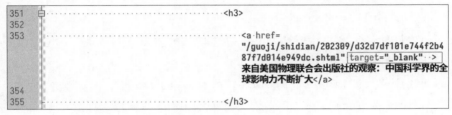

图 4-6

根据核准的情况对之前总结出的规律进行修正，添加两个空格，结果如下：

```
<h3>换行和缩进<a href="网址" target="_blank"    >标题</a>换行
和缩进</h3>
```

根据修正后的规律编写出如下所示的正则表达式，其中，"换行和缩进"及"网址"等变动的内容或不需要提取的内容用".*?"代替，要提取的"标题"则用"(.*?)"代替。

```
<h3>.*?<a href=".*?" target="_blank"   >(.*?)</a>.*?</h3>
```

提　示

如果网站改版，网页源代码可能会发生变化，正则表达式也需要做相应的修改。因此，读者不要满足于机械地套用代码，而要力求真正地理解和掌握正则表达式的编写方法，这样才能游刃有余地应对各种类型网页的爬取。

4.4　用正则表达式从网页源代码中提取数据

　◎　素材文件：实例文件＼04＼4.4＼html_code.txt
　◎　代码文件：实例文件＼04＼4.4＼用正则表达式从网页源代码中提取数据.py

上一节编写出了提取新闻标题的正则表达式，接下来就可以使用 re 模块中的 findall() 函数从网页源代码中匹配和提取数据了。演示代码如下：

```
1  import re
2  with open(file='html_code.txt', mode='r', encoding=
   'utf-8') as f:
3      result = f.read()
4  p_title = '<h3>.*?<a href=".*?" target="_blank"   >(.*?)</
   a>.*?</h3>'
5  title = re.findall(p_title, result, re.S)
6  print(len(title))
7  print(title)
```

第 2 行代码使用 open() 函数打开文本文件"html_code.txt"，因为这里是要读取文件，所以将参数 mode 的值设置为 'r'。

第 3 行代码使用 read() 函数读取文件的内容，赋给变量 result。

第 4 行代码将上一节编写的正则表达式赋给变量 p_title。

第 5 行代码使用 findall() 函数根据正则表达式（变量 p_title）在网页源代码（变量 result）中匹配和提取数据。需要注意的是，元字符 "." 默认不匹配换行符，而这里的网页源代码中包含换行符，所以在 findall() 函数中添加了参数 re.S，表示强制匹配换行符。

第 6 行代码使用 len() 函数统计 findall() 函数返回的列表 title 的长度，以便判断是否完整地提取了所需数据。

第 7 行代码用于输出列表 title 的内容。

代码运行结果如下。可以看到列表 title 的长度为 10，与目标网页中实际显示的新闻条数一致。从列表 title 的内容也可以看出，成功地提取到了目标网页中 10 条新闻的标题。此外，提取到的新闻标题中还夹杂着一些无用的字符，如 " "，可以在爬虫的第 3 步——数据清洗环节进行处理，相关知识将在第 6 章讲解。

```
1    10
2    ['来自美国物理联合会出版社的观察：中国科学界的全球影响力不断扩
     大', '走进实验室|从核能中心迈向多领域研究高地——美国阿贡国家实
     验室今昔', '科技创新世界潮|生物制造让建筑更有"生命力"', '多种
     动物受高温和热浪影响的结果出炉—— 它们可能比人类更怕热|今
     日视点', '让机器人成为家务能手还要多久|科技创新世界潮', '3D打
     印在十大工业应用中显身手|科技创新世界潮', '初创科企争当太空"清
     道夫"|科技创新世界潮', '十年漫漫探寻路欧盟"人脑计划"的美丽与
     哀愁|今日视点', '气候变化惹的祸——阿尔卑斯山或遇最大规模山体滑
     坡|今日视点', '量子计算五大常见误区|今日视点']
```

将 4.1 节的代码和本节的代码整合在一起，其中保存和读取网页源代码的相关代码已经没有意义，可以删除，最终得到一段完整的获取网页源代码并提取数据的爬虫代码，具体如下：

```
1    import requests
2    import re
```

```
3    url = 'http://www.stdaily.com/guoji/shidian/jrsd.shtml'
4    headers = {'User-Agent': 'Mozilla/5.0 (Windows NT 10.0; Win64;
     x64) AppleWebKit/537.36 (KHTML, like Gecko) Chrome/114.0.
     0.0 Safari/537.36'}
5    response = requests.get(url=url, headers=headers)
6    response.encoding = 'utf-8'
7    result = response.text
8    p_title = '<h3>.*?<a href=".*?" target="_blank"  >(.*?)</
     a>.*?</h3>'
9    title = re.findall(p_title, result, re.S)
10   print(len(title))
11   print(title)
```

至此，从网页源代码中提取数据的第 1 种思路——正则表达式的核心知识就讲解完毕了。后面将接着讲解第 2 种思路，即将网页源代码解析成一个可遍历的树状结构，在其中搜索和定位文档元素并提取数据。搜索和定位文档元素的工具有 XPath、CSS 选择器等，限于篇幅，本书将只介绍 CSS 选择器。

4.5　CSS 选择器的基础知识

CSS 选择器是按照特定的语法格式编写的网页标签定位规则，它能根据标签名、属性和层级来定位标签。

1. 标签名定位

标签名定位就是使用 div、p、a 等标签名来定位标签。例如，要定位所有 <a> 标签，相应的 CSS 选择器如下：

```
a
```

2. 属性定位

属性定位是指根据标签的属性值来定位，最常用的是 class 属性值和 id 属性值。例如，要定位所有 class 属性值为 "title_text" 的标签，相应的 CSS 选择器如下。其中的 "." 代表 class 属性，"." 后的内容为 class 属性值。

```
.title_text
```

又如，要定位所有 id 属性值为 "header" 的标签，相应的 CSS 选择器如下。其中的 "#" 代表 id 属性，"#" 后的内容为 id 属性值。

```
#header
```

属性定位更通用的写法是 "[属性名 = 属性值]"，因此，上述两个 CSS 选择器也可以修改成以下形式：

```
[class="title_text"]
[id="header"]
```

3. 层级定位

层级定位是指按照标签的层级嵌套关系给出定位的路径。

在层级定位中，如果下一级标签必须直接从属于上一级标签，中间不能有其他层级的标签，那么各层级标签之间要用 ">" 号分隔。例如，要从外向内依次定位 <div> 标签、<ul> 标签、<li> 标签、<a> 标签，相应的 CSS 选择器如下：

```
div > ul > li > a
```

如果下一级标签不必直接从属于上一级标签，中间可以有其他层级的标签，那么各层级标签之间要用空格分隔。例如，要在 <div> 标签下定位所有直接或间接从属的 <a> 标签，相应的 CSS 选择器如下：

```
div a
```

4. 结合运用

上述 3 种定位方式可根据需求结合使用。例如，要在 id 属性值为 "header" 的 <div> 标签下定位所有直接或间接从属的 <a> 标签，相应的 CSS 选择器如下：

```
div#header a
```

上面介绍的是 CSS 选择器的语法知识中最基础的部分，读者如果想要进行深入学习，可以自行搜索相关资料。在实践中遇到困难时，还可以按照第 2 章讲解的方法，尝试借助 AI 工具编写 CSS 选择器。

4.6　分析网页源代码并编写 CSS 选择器

本节以央广网科技频道的智能数码专栏页面（https://tech.cnr.cn/techxp/）为例，讲解如何利用开发者工具分析网页源代码，完成 CSS 选择器的编写。

在谷歌浏览器中打开目标网页并向下滚动浏览，可以看到页面中有 10 条新闻，假设要爬取所有新闻的标题和网址，那么就需要定位包含这些数据的标签。按〈F12〉键或快捷键〈Ctrl+Shift+I〉，打开开发者工具，利用元素选择工具定位任意一条新闻的网页源代码，如图 4-7 所示。

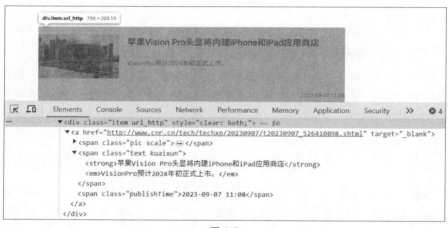

图 4-7

先来定位包含新闻标题的标签。通过分析可以发现，新闻标题位于一个 \<strong\> 标签中，该标签本身没有明显的特征，通常还需要借助其他标签来进行定位。继续观察，\<strong\> 标签直接从属于一个 \<span\> 标签，这个 \<span\> 标签的特征是带有 class 属性，该属性有两个值："text" 和 "kuaixun"。由此编写出如下所示的 CSS 选择器，其中的 ".text.kuaixun" 表示同时使用两个 class 属性值进行定位，如果 class 属性还有其他值，可以按此格式添加。

```
span.text.kuaixun > strong
```

提　示

在网页源代码中，一个标签的 class 属性可以有多个值，各个值之间用空格分隔。在使用 class 属性定位标签时，不一定要使用所有的属性值。如果只使用 1 个 class 属性值就能准确地定位到标签，也可以只使用 1 个值。

对于编写好的 CSS 选择器，可用开发者工具进行验证。单击"Elements"选项卡中的网页源代码，让该选项卡处于窗口的焦点状态。按快捷键〈Ctrl+F〉打开搜索框，❶输入编写好的 CSS 选择器，按〈Enter〉键进行搜索，❷在搜索框的右端会显示定位到的标签数量，如图 4-8 所示。从图中可以看出，输入的 CSS 选择器定位到了 10 个标签，与页面中实际的新闻数量一致，说明定位成功。还可以单击标签数量右侧的 ⌃ / ⌄ 按钮来依次浏览定位到的标签和网页元素，以便做进一步的确认。

图 4-8

CSS 选择器的编写思路很灵活，有时不同的思路可以达到相同的效果。例如，这里的 \<strong\> 标签还间接从属于一个 \<div\> 标签，这个 \<div\> 标签的特征是带有 class 属性，该属性有两个值："item"和"url_http"。由此编写出如下所示的 CSS 选择器，用开发者工具进行验证，同样可以准确地完成定位。

```
div.item.url_http strong
```

接着来定位包含新闻网址的标签，分析的方法和过程与前面一样，这里不再赘述。编写出的 CSS 选择器如下：

```
div.item.url_http > a
```

掌握了 CSS 选择器的编写方法，就可以利用一些第三方模块从网页源代码中提取数据了，本书使用的是 BeautifulSoup 模块。

4.7　用 BeautifulSoup 模块从网页源代码中提取数据

　◎ 代码文件：实例文件 \ 04 \ 4.7 \ 用BeautifulSoup模块从网页源代码中提取数据.py

BeautifulSoup 模块的安装命令为"pip install beautifulsoup4"。下面以 4.6 节中的目标网页和 CSS 选择器为例讲解 BeautifulSoup 模块的用法。

1.　用 Requests 模块获取网页源代码

首先按照 4.1 节讲解的方法，用 Requests 模块获取目标网页的源代码，具体的分析过程这里不再赘述。相应代码如下：

```
1  import requests
2  url = 'https://tech.cnr.cn/techxp/'
3  headers = {'User-Agent': 'Mozilla/5.0 (Windows NT 10.0; Win64;
   x64) AppleWebKit/537.36 (KHTML, like Gecko) Chrome/114.0.
   0.0 Safari/537.36'}
4  response = requests.get(url=url, headers=headers)
5  response.encoding = 'gbk'
6  result = response.text
```

2.　用 BeautifulSoup 模块加载网页源代码

获得目标网页的源代码后，用 BeautifulSoup 模块加载网页源代码，相应代码如下：

```
1  from bs4 import BeautifulSoup
2  soup = BeautifulSoup(result, 'lxml')
```

第 1 行代码从 BeautifulSoup 模块中导入 BeautifulSoup 类。

第 2 行代码用 BeautifulSoup 类加载网页源代码并进行结构解析。第 1 个参数是要加载的网页源代码，这里指定为存储着网页源代码的变量 result；第 2 个参数用于指定文档解析器，这里指定的是 lxml 解析器，它具有解析速度快、容错能力强等优点。

3. 用 CSS 选择器定位标签

完成网页源代码的加载和结构解析后，可以使用 BeautifulSoup 模块中的 select() 函数通过 CSS 选择器定位标签。

先定位包含新闻标题的 <strong> 标签，相应代码如下：

```
1   title_tags = soup.select('span.text.kuaixun > strong')
2   print(title_tags)
3   print(len(title_tags))
```

第 1 行代码 select() 函数括号中的字符串就是 4.6 节中编写的 CSS 选择器，定位到的标签存储在变量 title_tags 中。

第 2、3 行代码分别输出定位到的标签的内容和标签的数量。

代码运行结果如下（部分内容从略）。从运行结果可以看出，select() 函数的返回值是定位到的标签的列表。需要注意的是，即使只定位到一个标签，select() 函数返回的仍然是一个列表。

```
1   [<strong>华为首款黄金智能腕表登场　黄金材质提升奢华感和身份认同
    感</strong>, <strong>苹果Vision Pro头显将内建iPhone和iPad应
    用商店</strong>, <strong>机构：折叠屏手机价格持续下探　或激发
    消费者换机欲望</strong> ……]
2   10
```

然后定位包含新闻网址的 <a> 标签，相应代码如下：

```
1   url_tags = soup.select('div.item.url_http > a')
2   print(url_tags)
3   print(len(url_tags))
```

上述代码的含义和运行结果与前面的代码类似，这里不再赘述。

4. 从标签中提取数据

定位到标签后，就可以从标签中提取文本内容和属性值了。其中，文本内容使用 get_text() 函数提取，属性值使用 get() 函数提取。

先从定位到的 <strong> 标签中提取文本内容，即新闻标题。相应代码如下：

```
1   title_list = []
2   for i in title_tags:
3       title = i.get_text()
4       title_list.append(title)
5   print(title_list)
```

第 1 行代码创建了一个空列表 title_list，用于存储新闻标题。

第 2 行代码用 for 语句遍历标签列表 title_tags，此时变量 i 代表单个标签。

第 3 行代码用 get_text() 函数提取标签的文本内容。

第 4 行代码用 append() 函数将提取到的文本内容添加到列表 title_list 中。

第 5 行代码用于输出提取结果。

代码运行结果如下（部分内容从略）：

```
1   ['华为首款黄金智能腕表登场  黄金材质提升奢华感和身份认同感', '苹
    果Vision Pro头显将内建iPhone和iPad应用商店', '机构：折叠屏手机
    价格持续下探  或激发消费者换机欲望' ……]
```

然后从定位到的 <a> 标签中提取 href 属性值，即新闻网址。相应代码如下：

```
1   url_list = []
2   for i in url_tags:
3       url = i.get('href')
4       url_list.append(url)
5   print(url_list)
```

第 3 行代码使用 get() 函数提取标签的 href 属性值，括号中的字符串是属性名，其余代码的含义与前面类似。代码运行结果如下（部分内容从略）：

```
1   ['https://www.cnr.cn/tech/techxp/20230915/t20230915_526421223.
    shtml', 'https://www.cnr.cn/tech/techxp/20230907/t20230907_
    526410898.shtml', 'https://www.cnr.cn/tech/techxp/20230818/
    t20230818_526385105.shtml' ……]
```

当标签列表较多时，可以利用 Python 内置的 zip() 函数在一个循环中同步

提取所有标签列表的数据。演示代码如下：

```
1  news_list = []
2  for i, j in zip(title_tags, url_tags):
3      title = i.get_text()
4      url = j.get('href')
5      news = [title, url]
6      news_list.append(news)
7  print(news_list)
```

第 2 行代码结合使用 for 语句和 zip() 函数将标签列表 title_tags 和 url_tags 中的元素一一配对取出，并分别赋给循环变量 i 和 j。如果还有其他标签列表，将其添加到 zip() 函数的括号中并相应增加循环变量即可。代码运行结果如下（部分内容从略）：

```
1  [['华为首款黄金智能腕表登场   黄金材质提升奢华感和身份认同感',
   'https://www.cnr.cn/tech/techxp/20230915/t20230915_526421223.
   shtml'], ['苹果Vision Pro头显将内建iPhone和iPad应用商店',
   'https://www.cnr.cn/tech/techxp/20230907/t20230907_526410898.
   shtml'], ['机构：折叠屏手机价格持续下探   或激发消费者换机欲望',
   'https://www.cnr.cn/tech/techxp/20230818/t20230818_526385105.
   shtml'] ……]
```

至此，从网页源代码中提取数据的核心知识就讲解完毕了。在实践中可以根据网页源代码的具体情况，灵活选用正则表达式或 CSS 选择器来提取数据。

4.8 用 Requests 模块下载文件

◎ 代码文件：实例文件 \ 04 \ 4.8 \ 用Requests模块下载文件.py

使用 Requests 模块获取网页源代码时，通过响应对象的 text 属性提取网页源代码。如果目标网址是一个二进制文件，如图片、PDF 文件或压缩文件等，要将其下载到本地硬盘中，则要使用响应对象的 content 属性提取文件的二进制字节码，再将提取结果写入本地文件。将一张图片下载并保存到本地的演示代码如下：

```
1  import requests
2  url = 'https://www.python.org/static/img/python-logo.png'
3  headers = {'User-Agent': 'Mozilla/5.0 (Windows NT 10.0; Win64;
   x64) AppleWebKit/537.36 (KHTML, like Gecko) Chrome/114.0.
   0.0 Safari/537.36'}
4  response = requests.get(url=url, headers=headers)
5  content = response.content
6  with open(file='pic.png', mode='wb') as fp:
7      fp.write(content)
```

第 2 行代码中的 url 为图片的网址。

第 4 行代码使用 get() 函数对图片的网址发起请求，并获取响应对象。

第 5 行代码使用 content 属性从响应对象中提取图片的二进制字节码。

第 6 行代码使用 open() 函数创建了一个本地文件 "pic.png"（file='pic.png'），并以二进制的方式写入内容（mode='wb'）。文件的路径是相对路径，表示将文件保存在当前代码文件所在的文件夹下。

第 7 行代码使用 write() 函数将第 5 行代码提取的二进制字节码写入第 6 行代码创建的文件。

运行上述代码后，在代码文件所在的文件夹下可以看到下载的图片文件 "pic.png"，打开该图片，效果如图 4-9 所示，说明图片下载成功。

图 4-9

提　示

在 Python 代码中读写文件时需要给出路径。路径分为绝对路径和相对路径：绝对路径是指以根文件夹为起点的完整路径，Windows 的路径以 "C:\" "D:\" "E:\" 等作为根文件夹，Linux 和 macOS 的路径则以 "/" 作为根文件夹；相对路径是指以当前工作目录（当前代码文件所在的文件夹）为起点的路径。

以 Windows 为例，假设当前代码文件位于文件夹 "D:\new\04" 下，该文件夹下还有一个文件 "test.csv"，那么在代码文件中引用该文件时，既可以使用绝对路径 "D:\new\04\test.csv"，也可以使用相对路径 "test.csv"。

　　Python 代码中的路径通常以字符串的形式给出。但是，Windows 路径的分隔符 "\" 在 Python 中有特殊含义（如 "\n" 表示换行，"\t" 表示制表符，详见 1.6 节），会给路径的表达带来一些麻烦。因此，在 Python 代码中书写 Windows 路径字符串要使用以下 3 种格式，读者可根据喜好任意选用一种格式。

```
1   r'D:\new\04\test.csv'   # 为字符串加上前缀 "r"
2   'D:\\new\\04\\test.csv'   # 用 "\\" 代替 "\"
3   'D:/new/04/test.csv'   # 用 "/" 代替 "\"
```

4.9　静态网页爬取实战 1：单页爬取

◎　代码文件：实例文件＼04＼4.9＼静态网页爬取实战1：单页爬取.py

　　本节和下一节将对前面学习的知识进行综合运用，从中图网（https://www.bookschina.com/）爬取图书数据，包括书名、出版时间、出版社、定价、售价。本节先从较简单的爬取单页数据入手。

步骤01 **确定目标网页的网址**。用谷歌浏览器打开中图网，❶在搜索框中输入关键词，如 "Python"，按〈Enter〉键进行搜索，❷在搜索结果页面中可以看到当前的页码和总页数，❸在地址栏中可以看到当前页面的网址为 https://www.bookschina.com/book_find2/?stp=Python&sCate=0，如图 4-10 所示。

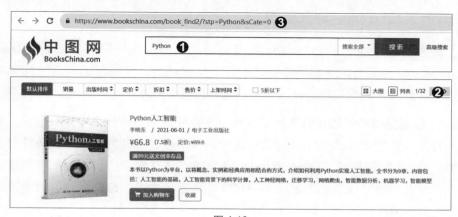

图 4-10

步骤 02 **判断目标网页的加载方式**。用右键快捷菜单查看网页源代码，按快捷键〈Ctrl+F〉调出搜索框，在网页源代码中搜索部分图书的信息，发现可以搜索到，如图 4-11 所示，说明目标网页是静态网页。

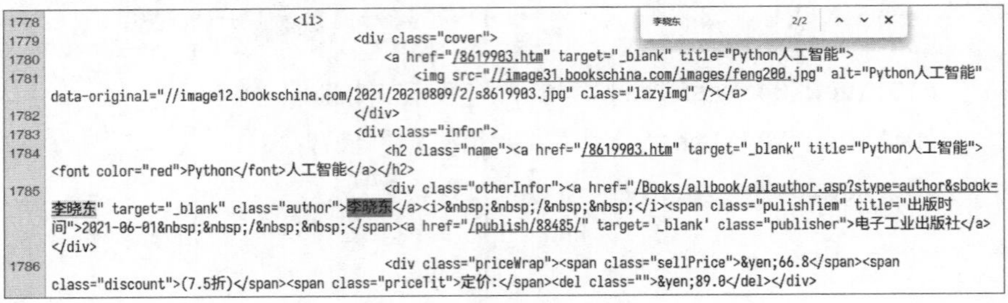

```
1778                    <li>
1779                        <div class="cover">
1780                            <a href="/8619903.htm" target="_blank" title="Python人工智能">
1781                                <img src="//image31.bookschina.com/images/feng200.jpg" alt="Python人工智能"
data-original="//image12.bookschina.com/2021/20210809/2/s8619903.jpg" class="lazyImg" /></a>
1782                        </div>
1783                        <div class="infor">
1784                            <h2 class="name"><a href="/8619903.htm" target="_blank" title="Python人工智能">
<font color="red">Python</font>人工智能</a></h2>
1785                            <div class="otherInfor"><a href="/Books/allbook/allauthor.asp?stype=author&sbook=
李晓东" target="_blank" class="author">李晓东</a><i>  /  </i><span class="pulishTiem" title="出版时
间">2021-06-01  /  </span><a href="/publish/88485/" target='_blank' class="publisher">电子工业出版社</a>
</div>
1786                            <div class="priceWrap"><span class="sellPrice">&yen;66.8</span><span
class="discount">(7.5折)</span><span class="priceTit">定价:</span><del class="">&yen;89.0</del></div>
```

图 4-11

步骤 03 **获取网页源代码**。因为目标网页是静态网页，所以选择使用 Requests 模块获取网页源代码。相应代码如下：

```
1  import requests
2  url = 'https://www.bookschina.com/book_find2/?stp=Python&sCate=0'
3  headers = {'User-Agent': 'Mozilla/5.0 (Windows NT 10.0; Win64; x64) AppleWebKit/537.36 (KHTML, like Gecko) Chrome/114.0.0.0 Safari/537.36'}
4  response = requests.get(url=url, headers=headers)
5  response.encoding = response.apparent_encoding
6  code = response.text
7  print(code)
```

因为前面没有分析目标网页的编码格式，所以这里通过第 5 行代码让 Requests 模块自动推测编码格式。运行上述代码后，在输出的网页源代码中可以看到要爬取的图书数据，说明网页源代码获取成功。

步骤 04 **编写提取书名的正则表达式**。接下来需要从网页源代码中提取数据，本节选择使用正则表达式来完成这项任务。先分析包含书名的网页源代码并寻找规律。按〈F12〉键或〈Ctrl+Shift+I〉快捷键打开开发者工具，❶单击元素选择工具按钮，❷定位搜索结果页面中第 1 本图书的书名，❸查看对应的网页源代码，如图 4-12 所示。

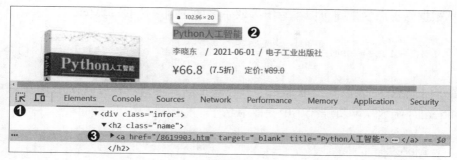

图 4-12

用相同方法分析第 2 本图书的书名对应的网页源代码，如图 4-13 所示。

图 4-13

经过对比，可以总结出包含书名的网页源代码有如下规律：

```
<h2 class="name">换行和缩进<a href="图书详情页网址" target=
"_blank" title="书名">
```

以步骤 03 获取的网页源代码为依据对上述规律进行核准。找到包含任意一本图书的书名的网页源代码，并与上述规律进行仔细对比，会发现"<h2 class="name">"之后没有换行和缩进，如图 4-14 所示。

```
····<div class="infor">
········<h2 class="name"><a href="/8619903.htm" target="_blank" title="Python人工智能"><font
····color="red">Python</font>人工智能</a></h2>
```

图 4-14

因此，上述规律需要修正成如下形式：

```
<h2 class="name"><a href="图书详情页网址" target="_blank"
title="书名">
```

根据修正后的规律可以编写出提取书名的正则表达式，具体如下：

```
<h2 class="name"><a href=".*?" target="_blank" title="(.*?)">
```

步骤 05 **根据正则表达式提取书名**。编写好正则表达式，就可以使用 re 模块中的 findall() 函数从网页源代码中提取书名了，相应代码如下：

```
1  import re
2  p_name = '<h2 class="name"><a href=".*?" target="_blank"
   title="(.*?)">'
3  name_list = re.findall(p_name, code)
4  print(len(name_list))
5  print(name_list)
```

上述代码的运行结果如下（部分内容从略），可以看到提取到了 52 个书名，与搜索结果页面中实际显示的图书数量一致，说明提取成功。

```
1  52
2  ['Python人工智能', 'Python人工智能', 'Python基础', 'Python程
   序设计', 'Python程序设计'……]
```

步骤 06 **编写正则表达式提取更多数据**。使用相同的方法分析网页源代码，分别编写正则表达式来提取出版时间、出版社、定价、售价，相应代码如下：

```
1  p_date = '<span class="pulishTiem" title="出版时间">(.*?)
     /  </span>'
2  date_list = re.findall(p_date, code)
3  p_press = 'class="publisher">(.*?)</a>'
4  press_list = re.findall(p_press, code)
5  p_price = '<span class="priceTit">定价:</span><del class=
   "">&yen;(.*?)</del>'
6  price_list = re.findall(p_price, code)
7  p_sale = '<span class="sellPrice">&yen;(.*?)</span><span
   class="discount">'
```

```
8    sale_list = re.findall(p_sale, code)
```

对于上述代码，同样可以利用 len() 函数统计各个列表的长度，以确定是否准确地提取了所需数据。如果列表的长度不同，那么需要回到网页源代码中进行检查，看看是否因为正则表达式编写错误导致提取了多余的数据或遗漏了部分数据。

步骤07 **将数据转换为二维表格**。为了更好地组织数据，可以将列表转换为字典，再用 pandas 模块将字典转换为 DataFrame 格式的二维表格。相应代码如下：

```
1    import pandas as pd
2    data = {'书名': name_list, '出版时间': date_list, '出版社':
     press_list, '定价': price_list, '售价': sale_list}
3    data = pd.DataFrame(data)
```

第 2 行代码中的"书名""出版时间""出版社""定价""售价"是字典的键，也是将要创建的二维表格的列名。

运行以上代码后，变量 data 中的数据表格如图 4-15 所示（部分数据从略）。

	书名	出版时间	出版社	定价	售价
0	Python人工智能	2021-06-01	电子工业出版社	89.0	66.8
1	Python人工智能	2020-03-01	清华大学出版社	59.8	44.9
2	Python基础	2021-06-01	科学出版社	158.0	124.8
3	Python程序设计	2022-01-01	科学出版社	49.8	35.9
4	Python程序设计	2022-03-01	西安电子科技大学出版社	39.0	31.2

图 4-15

步骤08 **导出数据**。为了保存数据，使用 pandas 模块中的 to_excel() 函数将 DataFrame 中的数据写入 Excel 工作簿。相应代码如下：

```
1    data.to_excel('图书数据(单页).xlsx', index=False)
```

代码中的参数 index 设置为 False，表示写入数据时忽略 DataFrame 的行标签。

运行以上代码后，在代码文件所在文件夹下会生成一个工作簿"图书数据（单页）.xlsx"，打开该工作簿，适当调整列宽，得到如图 4-16 所示的数据表格。

▲	A	B	C	D	E
1	书名	出版时间	出版社	定价	售价
2	Python人工智能	2021-06-01	电子工业出版社	89.0	66.8
3	Python人工智能	2020-03-01	清华大学出版社	59.8	44.9
4	Python基础	2021-06-01	科学出版社	158.0	124.8
51	Python编程基础教程	2021-02-01	人民邮电出版社	42.0	31.5
52	Python程序设计入门	2020-08-01	广东教育出版社	49.0	35.3
53	Python超入门	2021-07-01	机械工业出版社	99.0	74.3

图 4-16

本节的完整代码如下：

```
1   import requests
2   import re
3   import pandas as pd
4   url = 'https://www.bookschina.com/book_find2/?stp=Python&
    sCate=0'
5   headers = {'User-Agent': 'Mozilla/5.0 (Windows NT 10.0; Win64;
    x64) AppleWebKit/537.36 (KHTML, like Gecko) Chrome/114.0.
    0.0 Safari/537.36'}
6   response = requests.get(url=url, headers=headers)
7   response.encoding = response.apparent_encoding
8   code = response.text
9   p_name = '<h2 class="name"><a href=".*?" target="_blank"
    title="(.*?)">'
10  name_list = re.findall(p_name, code)
11  p_date = '<span class="pulishTiem" title="出版时间">(.*?)
      /  </span>'
12  date_list = re.findall(p_date, code)
13  p_press = 'class="publisher">(.*?)</a>'
14  press_list = re.findall(p_press, code)
15  p_price = '<span class="priceTit">定价:</span><del class=
    "">&yen;(.*?)</del>'
16  price_list = re.findall(p_price, code)
17  p_sale = '<span class="sellPrice">&yen;(.*?)</span><span
    class="discount">'
18  sale_list = re.findall(p_sale, code)
```

```
19    data = {'书名': name_list, '出版时间': date_list, '出版社':
      press_list, '定价': price_list, '售价': sale_list}
20    data = pd.DataFrame(data)
21    data.to_excel('图书数据(单页).xlsx', index=False)
```

4.10 静态网页爬取实战 2：多页爬取

◎ 代码文件：实例文件 \ 04 \ 4.10 \ 静态网页爬取实战2：多页爬取.py

上一节实现了单页数据的爬取，本节将在此基础上实现批量爬取多页数据。

步骤 01 **分析网址的规律**。先来寻找每一页网址的规律。前面已经知道第 1 页的网址为如下形式，暂时看不出规律。

```
https://www.bookschina.com/book_find2/?stp=Python&sCate=0
```

切换至第 2 页和第 3 页，网址相继变为如下形式：

```
https://www.bookschina.com/book_find2/default.aspx?stp=Py-
thon&scate=0&f=1&sort=0&asc=0&sh=0&so=1&p=2&pb=1
https://www.bookschina.com/book_find2/default.aspx?stp=Py-
thon&scate=0&f=1&sort=0&asc=0&sh=0&so=1&p=3&pb=1
```

继续查看其他页的网址，可总结出如下所示的网址格式：

```
https://www.bookschina.com/book_find2/default.aspx?stp=Py-
thon&scate=0&f=1&sort=0&asc=0&sh=0&so=1&p=页码&pb=1
```

根据该格式，猜测第 1 页的网址也可能为如下形式。在浏览器中打开这个网址，可以看到的确是第 1 页的内容，说明这个格式是有效的。

```
https://www.bookschina.com/book_find2/default.aspx?stp=Py-
thon&scate=0&f=1&sort=0&asc=0&sh=0&so=1&p=1&pb=1
```

步骤 02 **编写自定义函数**。为便于实现批量爬取，将爬取单页数据的代码封装成自定义函数 bookschina()，它的参数 page 代表要爬取的页码。相应代码如下：

```
1   import requests
2   from bs4 import BeautifulSoup
3   import pandas as pd
4   def bookschina(page):
5       url = f'https://www.bookschina.com/book_find2/default.
        aspx?stp=Python&scate=0&f=1&sort=0&asc=0&sh=0&so=1&
        p={page}&pb=1'
6       headers = {'User-Agent': 'Mozilla/5.0 (Windows NT 10.0;
        Win64; x64) AppleWebKit/537.36 (KHTML, like Gecko)
        Chrome/114.0.0.0 Safari/537.36'}
7       response = requests.get(url=url, headers=headers)
8       response.encoding = response.apparent_encoding
9       code = response.text
10      soup = BeautifulSoup(code, 'lxml')
11      names = soup.select('h2.name > a')
12      dates = soup.select('span.pulishTiem')
13      presses = soup.select('a.publisher')
14      prices = soup.select('div.bookList div.priceWrap > del')
15      sales = soup.select('div.bookList div.priceWrap > span.
        sellPrice')
16      data = []
17      for name, date, press, price, sale in zip(names, dates,
        presses, prices, sales):
18          row = {}
19          row['书名'] = name.get('title')
20          row['出版时间'] = date.get_text()
21          row['出版社'] = press.get_text()
22          row['定价'] = price.get_text()
23          row['售价'] = sale.get_text()
```

```
24          data.append(row)
25      return pd.DataFrame(data)
```

第 5 行代码使用了一种称为 f-string 的语法格式将代表页码的参数 page 拼接到网址字符串中。

提　示

f-string 是一种用于拼接字符串的语法格式，其以修饰符 f 或 F 作为字符串的前缀，然后在字符串中用 "{}" 包裹要拼接的变量或表达式。演示代码如下：

```
1    page = 392
2    price = 99.8
3    info = f'页数：{page} / 定价：{price}元'
4    print(info)
```

运行结果如下：

```
1    页数：392 / 定价：99.8元
```

如果不使用 f-string，则第 3 行代码要修改为如下形式：

```
1    info = '页数：' + str(page) + ' / 定价：' + str(price) + '元'
```

从上述例子可以看出，f-string 的优点是不需要转换数据类型就能将不同类型的数据拼接成字符串，相关代码也很简洁、直观、易懂。

第 7 ～ 9 行代码用于向目标网址发起请求并获取网页源代码。

获得网页源代码后，需要从中提取数据。4.9 节使用的方法是正则表达式，本节为了帮助读者巩固知识，改用 CSS 选择器来提取数据。第 10 行代码用于加载网页源代码并进行结构解析，第 11 ～ 15 行代码使用 CSS 选择器分别定位包含书名、出版时间、出版社、定价、售价等数据的标签。CSS 选择器的编写方法见 4.5 节和 4.6 节，这里不再详细解释。

定位到包含数据的标签后，通过第 16 ～ 24 行代码从标签中提取数据。第 16 行代码创建了一个空列表 data，用于汇总数据。第 17 行代码结合使用 for 语句和 zip() 函数遍历标签列表，从中依次配对取出标签用于提取数据。第 18 行代码创建了一个空字典 row，用于存储每本图书的数据。第 19 ～ 23 行代码用 get() 函数和 get_text() 函数从标签中提取属性值和文本内容，从而得到一本图书的数据，再将数据存入第 18 行代码创建的字典 row 中。第 24 行代码使用 append() 函数将字典 row 添加到前面创建的列表 data 中。这段代码运行完毕后，列表 data 中将有 52 个字典，每个字典都包含一本图书的数据。

第 25 行代码将列表 data 转换为 DataFrame 对象并定义成函数的返回值。

步骤03 **调用自定义函数完成多页数据的批量爬取**。完成自定义函数的编写后，通过循环调用自定义函数，批量爬取多页数据。相应代码如下：

```
1  all_data = []
2  for i in range(1, 4):
3      all_data.append(bookschina(i))
4  all_data = pd.concat(all_data, ignore_index=True)
5  all_data.to_excel('图书数据(多页).xlsx', index=False)
```

第 1 行代码创建了一个空列表 all_data，用于汇总数据。

第 2 行代码结合使用 for 语句和 range() 函数构造了一个循环次数为 3 的循环，其中循环变量 i 的值将从 1 依次变化到 3，表示爬取第 1～3 页的数据。读者可根据需求修改页码范围，但要注意不能超出搜索结果的总页数。

第 3 行代码调用 bookschina() 函数，并传入变量 i 作为参数，然后使用 append() 函数将 bookschina() 函数返回的单页数据（一个 DataFrame 对象）添加到第 1 行代码创建的列表 all_data 中。

第 4 行代码使用 pandas 模块中的 concat() 函数将列表 all_data 中的所有 DataFrame 对象合并成一个 DataFrame 对象，即将所有页面的数据合并在一起。

第 5 行代码将合并后的数据导出为工作簿"图书数据（多页）.xlsx"。

运行以上代码后，打开生成的工作簿"图书数据（多页）.xlsx"，可看到成功地爬取了 3 页共计 156 本图书的数据，如图 4-17 所示。数据中包含一些无用的字符，如空格、"/"、货币符号"¥"等，需要进行清洗，具体方法将在第 6 章讲解。本节的完整代码见随书附带的实例文件，这里不再展示。

	A	B		C	D	E
1	书名	出版时间		出版社	定价	售价
2	Python人工智能	2021-06-01	/	电子工业出版社	¥89.0	¥66.8
3	Python 实用教程	2016-11-01	/	清华大学出版社	¥29.5	¥25.1
4	Python人工智能	2020-03-01	/	清华大学出版社	¥59.8	¥44.9
155	Python面试通关宝典	2020-12-01	/	清华大学出版社	¥79.0	¥55.3
156	Python渗透测试实战	2021-02-01	/	人民邮电出版社	¥79.0	¥55.3
157	Python数据挖掘实践	2021-01-01	/	西安电子科技大学出版社	¥35.0	¥28.0

图 4-17

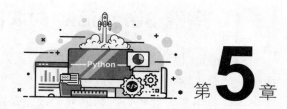

第 **5** 章

动态网页的爬取

　　动态网页的内容会随着时间或用户行为等因素的变化而变化，故而爬取难度远高于静态网页。本章将主要讲解爬取动态网页的两种常用思路：第 1 种思路是通过 Selenium 模块操控浏览器访问网页并获取源代码，只要设法获得了包含所需数据的网页源代码，随后的数据提取操作就与静态网页的爬取过程无异了；第 2 种思路是先分析网页中动态获取数据的网址，然后使用 Requests 模块访问此网址来获取数据。

5.1　搭建 Selenium 模块的运行环境

Selenium 模块是一个自动化测试工具，能够操控浏览器执行一些自动化操作，如单击网页中的链接或按钮、在网页的搜索框中输入文字等。这个模块在爬虫任务中最大的用处是帮助我们以比较轻松的方式获取网页源代码，尤其是动态网页的源代码。

Selenium 模块的安装命令为 "pip install selenium"。安装好该模块后，还需要安装一个中介程序——浏览器驱动程序，它的作用是将爬虫代码中通过 Selenium 模块发出的操作请求转发给浏览器去执行。下面以 Windows 中的谷歌浏览器为例，讲解浏览器驱动程序的下载和安装方法。

1.　查看谷歌浏览器的版本

不同的浏览器有不同的驱动程序，谷歌浏览器的驱动程序叫 ChromeDriver，火狐浏览器的驱动程序叫 GeckoDriver，等等。并且驱动程序的版本还要与当前系统中安装的浏览器的版本相匹配。因此，在下载驱动程序之前，要先查看浏览器的版本。

打开谷歌浏览器，在地址栏中输入 "chrome://version"，按〈Enter〉键，在打开的页面中可以看到浏览器的版本号和版本类型，如图 5-1 中的 "117.0. 5938.92" 和 "Stable"（稳定版）。

图 5-1

2.　下载 ChromeDriver

用谷歌浏览器打开 ChromeDriver 的官方下载页面（https://chromedriver. chromium.org/downloads），按照页面中的说明进行操作：如果谷歌浏览器的主版本号是 114 及以下，可以直接单击页面中对应版本号的链接进行下载；如果谷歌浏览器的主版本号是 115 及以上，则单击 "the Chrome for Testing availability dashboard" 链接，如图 5-2 所示。

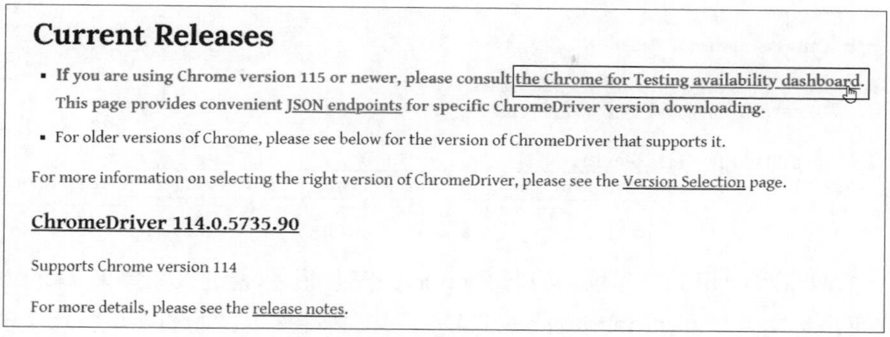

Current Releases

- If you are using Chrome version 115 or newer, please consult the Chrome for Testing availability dashboard. This page provides convenient JSON endpoints for specific ChromeDriver version downloading.
- For older versions of Chrome, please see below for the version of ChromeDriver that supports it.

For more information on selecting the right version of ChromeDriver, please see the Version Selection page.

ChromeDriver 114.0.5735.90

Supports Chrome version 114

For more details, please see the release notes.

图 5-2

浏览打开的新页面，找到名为"Stable"（稳定版）的表格，在表格中根据当前操作系统的类型下载对应的安装包。例如，要下载 64 位的 Windows 对应的安装包，在表格中找到"Binary"列为"chromedriver"、"Platform"列为"win64"的那一行，❶在该行中选中"URL"列的网址，❷然后右键单击该网址，在弹出的快捷菜单中执行"转到 ×××"命令，如图 5-3 所示，即可下载对应的安装包。

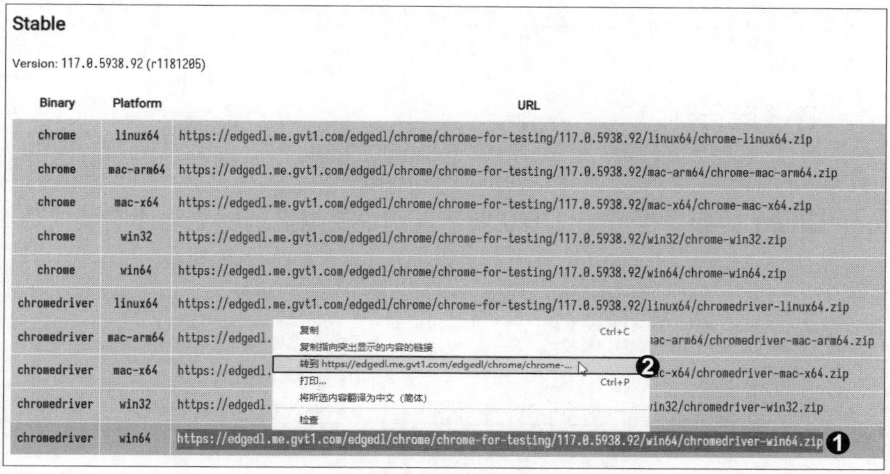

Stable

Version: 117.0.5938.92 (r1181285)

Binary	Platform	URL
chrome	linux64	https://edgedl.me.gvt1.com/edgedl/chrome/chrome-for-testing/117.0.5938.92/linux64/chrome-linux64.zip
chrome	mac-arm64	https://edgedl.me.gvt1.com/edgedl/chrome/chrome-for-testing/117.0.5938.92/mac-arm64/chrome-mac-arm64.zip
chrome	mac-x64	https://edgedl.me.gvt1.com/edgedl/chrome/chrome-for-testing/117.0.5938.92/mac-x64/chrome-mac-x64.zip
chrome	win32	https://edgedl.me.gvt1.com/edgedl/chrome/chrome-for-testing/117.0.5938.92/win32/chrome-win32.zip
chrome	win64	https://edgedl.me.gvt1.com/edgedl/chrome/chrome-for-testing/117.0.5938.92/win64/chrome-win64.zip
chromedriver	linux64	https://edgedl.me.gvt1.com/edgedl/chrome/chrome-for-testing/117.0.5938.92/linux64/chromedriver-linux64.zip
chromedriver	mac-arm64	https://edgedl1.| 复制　　　　　　　　　　　　　　　　　　　　Ctrl+C ac-arm64/chromedriver-mac-arm64.zip
chromedriver	mac-x64	https://edgedl1.| 复制指向突出显示的内容的链接　　　　　　　　　　-x64/chromedriver-mac-x64.zip
		转到 https://edgedl.me.gvt1.com/edgedl/chrome/chrome-... ❷
chromedriver	win32	https://edgedl1.| 打印...　　　　　　　　　　　　　　　　　　Ctrl+P in32/chromedriver-win32.zip
		将所选内容翻译为中文（简体）
		检查
chromedriver	win64	https://edgedl.me.gvt1.com/edgedl/chrome/chrome-for-testing/117.0.5938.92/win64/chromedriver-win64.zip ❶

图 5-3

3. 安装 ChromeDriver

下载的 ChromeDriver 安装包是一个压缩包，将其解压缩后会得到浏览器驱动程序的可执行文件"chromedriver.exe"。接下来需要将这个文件复制到 Python 的安装路径下，以便在代码中调用驱动程序。

如果忘记了 Python 的安装路径，可以在命令行窗口中执行命令"py --list-paths"来查询 Python 的安装路径，如图 5-4 所示。

图 5-4

在 Windows 资源管理器中打开 Python 的安装路径，❶进入文件夹"Scripts"，
❷将可执行文件"chromedriver.exe"复制到该文件夹中，如图 5-5 所示。这样
就完成了浏览器驱动程序的安装。

图 5-5

4．测试运行环境

在命令行窗口中执行命令"chromedriver --version"，如果能够正确显示
ChromeDriver 的版本号，如图 5-6 所示，则说明浏览器驱动程序安装成功。

图 5-6

5.2   用 Selenium 模块获取网页源代码

◎ 代码文件：实例文件＼05＼5.2＼用Selenium模块获取网页源代码.py

安装好 Selenium 模块和浏览器驱动程序后，就可以使用 Selenium 模块
访问网页并获取源代码了。这里以北京新发地农产品批发市场的价格行情页面

（http://www.xinfadi.com.cn/priceDetail.html）为例进行讲解，演示代码如下：

```
1    import time
2    from selenium import webdriver
3    browser = webdriver.Chrome()
4    browser.maximize_window()
5    browser.get('http://www.xinfadi.com.cn/priceDetail.html')
6    time.sleep(3)
7    html_code = browser.page_source
8    with open(file='html_code.txt', mode='w', encoding='utf-8')
     as f:
9        f.write(html_code)
10   browser.quit()
```

第 1 行代码用于导入 Python 内置的 time 模块。

第 2 行代码用于导入 Selenium 模块中的 webdriver 子模块。

第 3 行代码用于声明要操控的是谷歌浏览器并打开相应的浏览器窗口。

第 4 行代码使用 maximize_window() 函数将浏览器窗口最大化。

第 5 行代码使用 get() 函数控制浏览器访问目标网址。

第 6 行代码使用 time 模块中的 sleep() 函数让程序暂停 3 秒，等待浏览器将目标网页加载完全。sleep() 函数括号中的数字是等待的秒数，不同计算机的运行速度和网络传输速度不同，等待的时间要根据实际情况增减。

第 7 行代码使用 page_source 属性获取当前网页的源代码。需要注意的是，这种方式获得的网页源代码经过了浏览器的错误修正和动态加载，与用开发者工具看到的网页源代码是基本一致的。

第 8、9 行代码用于将获得的网页源代码写入文本文件 "html_code.txt"。

第 10 行代码使用 quit() 函数关闭浏览器窗口。

运行以上代码，会打开一个谷歌浏览器窗口并自动访问目标网页，同时窗口中会显示浏览器正受到自动测试软件控制的提示信息，如图 5-7 所示。

约 3 秒后，浏览器窗口会自动关闭，同时在当前代码文件所在文件夹下生成文本文件 "html_code.txt"。打开该文件，可以看到获得的网页源代码，并且能在其中找到页面中显示的农产品价格数据，如图 5-8 所示，说明网页源代码获取成功。

图 5-7

```
<tbody·id="tableBody"·class="ul">
......
<tr><td>蔬菜</td><td></td><td>大白菜</td><td>0.45</td><td>0.53</td><td>0.6
</td><td></td><td>冀蒙</td><td>斤</td><td>2023-09-24</td></tr><tr><td>蔬菜
</td><td></td><td>娃娃菜</td><td>0.6</td><td>0.7</td><td>0.8</td><td></td><td>
冀</td><td>斤</td><td>2023-09-24</td></tr><tr><td>蔬菜</td><td></td><td>小白菜
</td><td>1.5</td><td>1.65</td><td>1.8</td><td></td><td>冀</td><td>斤</td><td>
2023-09-24</td></tr><tr><td>蔬菜</td><td></td><td>圆白菜</td><td>0.6</td><td>
0.8</td><td>1.0</td><td></td><td>冀</td><td>斤</td><td>2023-09-24
```

图 5-8

提 示

　　如果调用了 Selenium 模块的代码之前一直能正常运行，某一天却突然出现如下所示的报错信息，说明浏览器可能进行了后台自动更新，导致浏览器的版本和浏览器驱动程序的版本不匹配，此时按照 5.1 节的讲解重新安装版本匹配的浏览器驱动程序即可解决问题。

```
The chromedriver version (版本号) detected in PATH at ×××\
chromedriver.exe might not be compatible with the detected
chrome version (版本号).
```

　　从本节的案例可以看出，使用 Selenium 模块获取网页源代码的思路比较简单。这种方式既能获取动态网页的源代码，也能获取静态网页的源代码，并且不需要预先进行烦琐的分析。但是 Selenium 模块也有一个明显的缺点，那就是需要通过浏览器访问目标网页，因此爬取速度比 Requests 模块慢。实践中常常将这两个模块结合起来使用，以达到取长补短的目的。

5.3　操控浏览器：用 XPath 定位网页元素

◎ 代码文件：实例文件＼05＼5.3＼操控浏览器：用XPath定位网页元素.py

有时网页的内容需要用户对网页元素执行一定的互动操作才会显示出来，为了获取包含这些内容的网页源代码，可以利用 Selenium 模块自动执行这些操作。

要对网页元素执行操作，需要先定位网页元素。定位元素的方法很多，常用的有 XPath 法和 CSS 选择器法两种，本节先介绍 XPath 法。

XPath 是一种基于树结构的查询语言，可以通过类似文件路径的表达式定位网页元素。在 Selenium 模块中，用 XPath 定位网页元素的语法格式如下：

```
browser.find_element(By.XPATH, 'XPath表达式')
```

网页元素的 XPath 表达式可以按照一定的语法规则编写出来，这里介绍一种对初学者来说更容易掌握的方法——利用开发者工具获取。下面以在腾讯网中自动搜索新闻并自动翻页为例进行讲解。

在腾讯网中搜索新闻时，要先在搜索框中输入关键词，再单击"搜索"按钮进行搜索，在搜索结果底部单击"下一页"按钮则可进行翻页，因此，我们需要获取搜索框、"搜索"按钮、"下一页"按钮的 XPath 表达式。

用谷歌浏览器打开腾讯网的新闻搜索页面（https://new.qq.com/search），手动搜索任意关键词，如"人工智能"，然后按〈F12〉键或快捷键〈Ctrl+Shift+I〉，打开开发者工具。❶单击元素选择工具按钮，❷选中网页中的搜索框，❸然后右键单击搜索框对应的源代码，❹在弹出的快捷菜单中执行"Copy → Copy XPath"命令，如图 5-9 所示。搜索框的 XPath 表达式就会被复制到剪贴板中，可以把它粘贴到代码中使用。用相同的方法可以获取"搜索"按钮和"下一页"按钮的 XPath 表达式，如图 5-10 和图 5-11 所示。

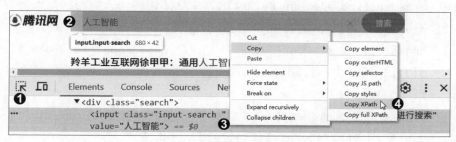

图 5-9

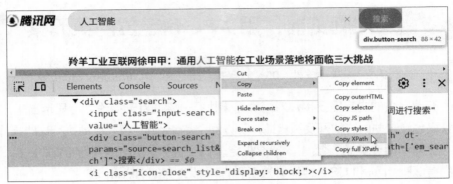

图 5-10

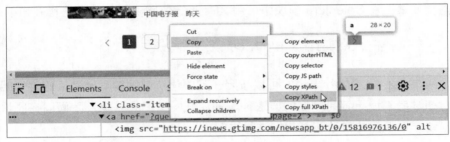

图 5-11

获得 XPath 表达式后，编写出代码如下：

```
1   import time
2   from selenium import webdriver
3   from selenium.webdriver.common.by import By
4   browser = webdriver.Chrome()
5   browser.maximize_window()
6   browser.get('https://new.qq.com/search')
7   time.sleep(1)
8   browser.find_element(By.XPATH, '//*[@id="root"]/div/div[1]/
    div[1]/div[1]/div/input').send_keys('人工智能')
9   browser.find_element(By.XPATH, '//*[@id="root"]/div/div[1]/
    div[1]/div[1]/div/div').click()
10  time.sleep(3)
11  browser.find_element(By.XPATH, '//*[@id="root"]/div/div[1]/
    div[1]/div[2]/div/ul/li[12]/a').click()
```

第 8、9、11 行代码中，find_element() 函数括号中的第 2 个参数就是前面获取的 XPath 表达式。

第 8 行代码先用 find_element() 函数根据 XPath 表达式定位搜索框，再用 send_keys() 函数模拟在搜索框中输入指定文本的操作。

第 9、11 行代码先用 find_element() 函数根据 XPath 表达式分别定位"搜索"按钮和"下一页"按钮，再用 click() 函数模拟用鼠标单击按钮的操作。

运行上述代码，将会自动启动浏览器打开腾讯网的新闻搜索页面，在搜索框中输入"人工智能"后单击"搜索"按钮进行搜索，等待约 3 秒后自动单击"下一页"按钮以切换至搜索结果的第 2 页，效果如图 5-12 所示。

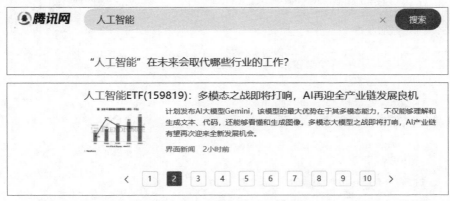

图 5-12

5.4 操控浏览器：用 CSS 选择器定位网页元素

◎ 代码文件：实例文件 \ 05 \ 5.4 \ 操控浏览器：用CSS选择器定位网页元素.py

CSS 选择器在第 4 章中已经初步接触过。在 Selenium 模块中，用 CSS 选择器定位网页元素的语法格式如下：

```
browser.find_element(By.CSS_SELECTOR, 'CSS选择器')
```

与 XPath 表达式类似，CSS 选择器既可以按照一定的语法规则编写（详见 4.5 节和 4.6 节），也可以利用开发者工具获取，这里介绍后一种方法。

仍然以 5.3 节中的目标网页为例，用谷歌浏览器打开该网页，手动执行搜索操作，然后按〈F12〉键或快捷键〈Ctrl+Shift+I〉，打开开发者工具。❶单击元素选择工具按钮，❷选中网页中的搜索框，❸然后右键单击搜索框对应的源代码，❹在弹出的快捷菜单中执行"Copy → Copy selector"命令，如图 5-13所示。搜索框的 CSS 选择器就会被复制到剪贴板中，可以把它粘贴到代码中使用。用相同的方法可以获取"搜索"按钮和"下一页"按钮的 CSS 选择器，此处不再赘述。

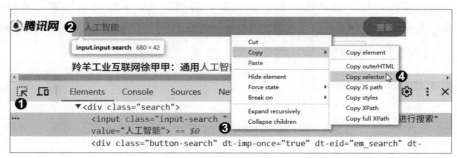

图 5-13

获得 CSS 选择器后，编写出代码如下：

```
1   import time
2   from selenium import webdriver
3   from selenium.webdriver.common.by import By
4   browser = webdriver.Chrome()
5   browser.maximize_window()
6   browser.get('https://new.qq.com/search')
7   time.sleep(1)
8   browser.find_element(By.CSS_SELECTOR, '#root > div > div.
    wrap > div.left-wrap.LEFT > div > div > input').send_keys('人
    工智能')
9   browser.find_element(By.CSS_SELECTOR, '#root > div > div.
    wrap > div.left-wrap.LEFT > div > div > div').click()
10  time.sleep(3)
11  browser.find_element(By.CSS_SELECTOR, '#root > div > div.
    wrap > div.left-wrap.LEFT > div:nth-child(2) > div > ul >
    li:nth-child(12) > a').click()
```

第 8、9、11 行代码中，find_element() 函数括号中的第 2 个参数就是前面获取的 CSS 选择器。

第 8 行代码先用 find_element() 函数根据 CSS 选择器定位搜索框，再用 send_keys() 函数模拟在搜索框中输入指定文本的操作。

第 9、11 行代码先用 find_element() 函数根据 CSS 选择器分别定位"搜索"按钮和"下一页"按钮，再用 click() 函数模拟用鼠标单击按钮的操作。

上述代码的运行结果与 5.3 节的代码相同，这里不再赘述。

除了 CSS 选择器法和 XPath 法，find_element() 函数还提供其他定位方式，这里简单罗列于表 5-1，供读者参考。

表 5-1

定位方式	代码示例
XPath	browser.find_element(By.XPATH, '//*[@id="sonnavhtml"]')
CSS选择器	browser.find_element(By.CSS_SELECTOR, '#sonnavhtml')
class属性值	browser.find_element(By.CLASS_NAME, 'search')
id属性值	browser.find_element(By.ID, 'searchKey')
name属性值	browser.find_element(By.NAME, 'searchKey')
链接文本	browser.find_element(By.LINK_TEXT, ' 动态新闻 ')
部分链接文本	browser.find_element(By.PARTIAL_LINK_TEXT, ' 动态 ')
标签名称	browser.find_element(By.TAG_NAME, 'div')

提　示

find_element() 函数返回的是符合定位条件的第一个网页元素。如果要返回符合定位条件的所有网页元素，应使用 find_elements() 函数。

5.5　操控浏览器：自动向下滚动页面

 ◎ 代码文件：实例文件＼05＼5.5＼操控浏览器：自动向下滚动页面.py

一些网页在初次访问时只会加载一部分内容，当用户向下滚动页面时才会继续加载新的内容。对于这种类型的网页，可以使用 Selenium 模块执行 Java-

Script 代码，模拟向下滚动页面的操作。下面以网易的新闻搜索页面（https://www.163.com/search）为例进行讲解。

用谷歌浏览器打开网易的新闻搜索页面，在搜索框中输入任意关键词，如"人工智能"，单击"搜索"按钮，显示搜索结果后滑动鼠标滚轮向下滚动页面，会看到不断地显示更多搜索结果，直到所有搜索结果显示完毕，页面底部会出现"没有更多内容了"的提示信息，如图 5-14 所示。

图 5-14

下面使用 Selenium 模块编写代码，操控浏览器自动完成上述操作。代码的编写思路为：先记录页面的当前高度，然后向下滚动一次页面，此时页面中会加载新的内容，页面的高度就会相应增加，获取滚动后的页面高度并与所记录的滚动前的页面高度对比，如果不相等，说明还没滚动到底部，继续重复向下滚动和对比高度的操作，直到滚动后的页面高度与滚动前的页面高度相同，说明已经滚动到底部，结束整个操作。演示代码如下：

```
1    import time
2    from selenium import webdriver
```

```
3    from selenium.webdriver.common.by import By
4    browser = webdriver.Chrome()
5    browser.maximize_window()
6    browser.get('https://www.163.com/search')
7    time.sleep(1)
8    browser.find_element(By.CSS_SELECTOR, '#netease_search_in-
     put').send_keys('人工智能')
9    browser.find_element(By.CSS_SELECTOR, '#netease_search_
     btn').click()
10   last_height = browser.execute_script("return document.
     body.scrollHeight;")
11   while True:
12       time.sleep(3)
13       browser.execute_script("window.scrollTo(0, document.
         body.scrollHeight);")
14       new_height = browser.execute_script("return document.
         body.scrollHeight;")
15       if new_height != last_height:
16           last_height = new_height
17       else:
18           print('已经滚动到页面底部')
19           break
```

　　第 8、9 行代码先通过 CSS 选择器定位搜索框和"搜索"按钮，再执行所需的搜索操作。CSS 选择器的获取方法见 5.4 节，这里不再赘述。

　　第 10 行代码使用 Selenium 模块的 execute_script() 函数执行 JavaScript 代码 "return document.body.scrollHeight;"，其中的 "document.body.scrollHeight" 将返回页面的当前高度。因此，这行代码的作用是获取开始滚动之前的页面高度并赋给变量 last_height。

　　第 11～19 行代码使用 while 语句构造了一个无限循环，不停地执行滚动页面和对比页面高度的操作，直到页面高度不再变化。第 13 行代码用于向下滚动页面，所执行的 JavaScript 代码是 "window.scrollTo(0, document.body.

scrollHeight);"，其中的 window.scrollTo() 函数用于把页面滚动到指定的像素点，第 1 个参数为 X 轴像素坐标，这里设置为 0，第 2 个参数为 Y 轴像素坐标，这里设置为表示页面当前高度的 document.body.scrollHeight。第 14 行代码用于获取滚动后的页面高度。第 15 行代码用于对比滚动前和滚动后的页面高度，如果不相等，则将变量 last_height 中记录的页面高度更新为滚动后的页面高度，如果相等，则输出文本"已经滚动到页面底部"，并执行 break 语句强制结束整个循环。

> **提 示**
>
> 　　如果要强制结束由 for 语句或 while 语句构造的循环，可以使用 continue 语句或 break 语句。continue 语句用于跳过本轮循环中剩余的代码，直接进入下一轮循环的迭代；break 语句用于强制结束整个循环，不再执行后续的迭代。
>
> 　　这两个语句是专为循环设计的控制流程的工具，无法在循环之外使用。在嵌套结构中使用这两个语句时，它们只会对直接从属的循环起作用。
>
> 　　这两个语句通常与 if 语句结合起来使用，以实现在特定条件下结束循环。

　　运行上述代码，将启动浏览器打开网易的新闻搜索页面，自动执行搜索操作并将页面滚动到底部。随后可以根据需求进行获取网页源代码和提取数据的操作，感兴趣的读者可以尝试自行编写相关代码。

5.6　操控浏览器：自动下载文件

　◎ 代码文件：实例文件 \ 05 \ 5.6 \ 操控浏览器：自动下载文件.py

　　操控浏览器自动下载文件的主要原理是利用 Selenium 模块在网页中定位文件的下载链接，并模拟单击链接的操作。下面用具体的案例来讲解。

　　先来获取定位文件下载链接所需的 XPath 表达式或 CSS 选择器，这里选择使用开发者工具的右键快捷菜单获取文件下载链接的 CSS 选择器。在谷歌浏览器中打开包含文件下载链接的网页（https://www.python.org/community/logos/），按〈F12〉键或快捷键〈Ctrl+Shift+I〉，打开开发者工具。❶单击元素选择工具按钮，❷选中要下载的文件链接，❸然后在对应的那一行源代码上单击鼠标右键，❹在弹出的快捷菜单中执行"Copy → Copy selector"命令，如图 5-15 所示。

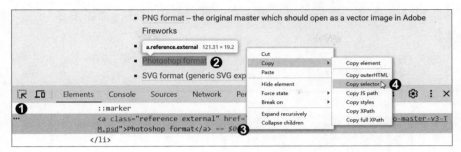

图 5-15

获得 CSS 选择器后，编写出代码如下：

```
1   from selenium import webdriver
2   from selenium.webdriver.common.by import By
3   import time
4   from pathlib import Path
5   dl_folder = 'E:\\python_logo'
6   Path(dl_folder).mkdir(parents=True, exist_ok=True)
7   chrome_options = webdriver.ChromeOptions()
8   prefs = {'profile.default_content_settings.popups': 0,
    'download.default_directory': dl_folder}
9   chrome_options.add_experimental_option('prefs', prefs)
10  browser = webdriver.Chrome(options=chrome_options)
11  browser.maximize_window()
12  browser.get('https://www.python.org/community/logos/')
13  time.sleep(3)
14  browser.find_element(By.CSS_SELECTOR, '#the-python-logo >
    ul > li:nth-child(3) > a').click()
```

第 4 ~ 6 行代码使用 Python 内置的 pathlib 模块创建一个文件夹，用于存放下载的文件。第 5 行代码中的文件夹路径可根据实际需求更改。

第 7 行代码用于创建谷歌浏览器的选项对象 chrome_options，以便配置浏览器的行为。

第 8 行代码创建了一个字典 prefs，其中包含两个键值对，用于配置谷歌浏览器的偏好设置：第 1 个键值对禁用弹出窗口；第 2 个键值对设置存放下载文件的默认文件夹。这行代码相当于在谷歌浏览器中进行了如图 5-16 所示的设置。

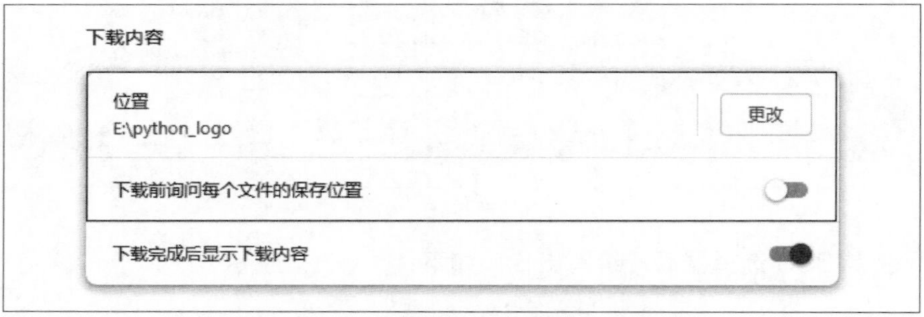

下载内容

位置
E:\python_logo

更改

下载前询问每个文件的保存位置

下载完成后显示下载内容

图 5-16

第 9 行代码将上面创建的偏好设置字典 prefs 添加到选项对象 chrome_options 中，以配置浏览器的行为。

第 10 行代码使用配置好的选项对象 chrome_options 启动一个浏览器窗口。

第 11、12 行代码用于将浏览器窗口最大化，并访问指定的网址。

第 14 行代码用于根据 CSS 选择器定位文件链接，并单击该链接。

运行上述代码后，将启动浏览器打开指定页面，稍等片刻，在代码中指定的文件夹下即可看到下载的文件 "python-logo-master-v3-TM.psd"，如图 5-17 所示。

图 5-17

5.7 操控浏览器：切换标签页

◎ 代码文件：实例文件 \ 05 \ 5.7 \ 操控浏览器：切换标签页.py

目前的主流网页浏览器都提供标签页功能，即在一个窗口中以类似选项卡的形式显示多个网页。下面以网易的新闻搜索页面（https://www.163.com/search）为例，讲解如何用 Selenium 模块操控浏览器在不同的标签页中进行切换。

先操控浏览器搜索新闻，并单击搜索结果中的第 1 个链接。演示代码如下：

```
1    import time
2    from selenium import webdriver
3    from selenium.webdriver.common.by import By
4    browser = webdriver.Chrome()
         window()
         ://www.163.com/search')

         nt(By.CSS_SELECTOR, '#netease_search_in-
         penAI')
         ent(By.CSS_SELECTOR, '#netease_search_

         t(By.CSS_SELECTOR, 'div.keyword_list h3
```

搜索框和"搜索"按钮，并执行所需的搜索操作。
击搜索结果中的第 1 个链接，其中的 CSS 选择
则编写的，也可以用 5.4 节讲解的方法获取。
览器打开网易的新闻搜索页面，自动执行搜索操
个链接。此时浏览器窗口中有两个标签页，第 1
第 2 个标签页中是单击第 1 个链接后打开的新页
状态，如图 5-18 所示。

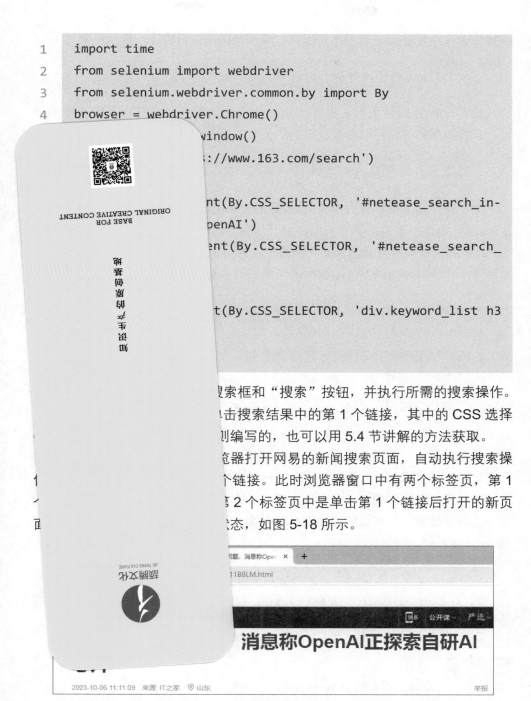

图 5-18

我们能看到第 2 个标签页处于活动状态，但是 Selenium 模块认为自己还

在操作第 1 个标签页。这一点可以通过编写代码来进行验证，演示代码如下：

```
1    print(browser.title, browser.current_url)
```

这行代码分别使用 title 属性和 current_url 属性获取当前网页的标题和网址，运行结果如下，可以看到获得的仍是第 1 个标签页中网页的标题和网址。

```
1    网易_新闻搜索_OpenAI https://www.163.com/search?keyword=OpenAI
```

为了操作第 2 个标签页中的网页，需要先切换至该标签页。标签页切换的基本原理为：每个标签页都拥有一个称为"句柄"的唯一身份标识，先用 window_handles 属性获取所有标签页的句柄集合，再用索引号从集合中选取某个句柄，然后用 switch_to.window() 函数根据句柄切换至对应的标签页。演示代码如下：

```
1    handles = browser.window_handles
2    browser.switch_to.window(handles[-1])
3    print(browser.title, browser.current_url)
4    browser.quit()
```

第 1 行代码使用 window_handles 属性获取所有标签页的句柄集合。

第 2 行代码先用索引号 -1 从集合中选取最新打开的标签页（本案例中为第 2 个标签页）的句柄，再用 switch_to.window() 函数根据句柄切换至对应的标签页。也可以用正向索引号来选取句柄，如 0 代表第 1 个标签页的句柄。

第 3 行代码输出切换标签页后当前网页的标题和网址。

运行结果如下，可以看到输出的是第 2 个标签页中网页的标题和网址，说明切换成功。

```
1    为解决"缺芯"问题，消息称OpenAI正探索自研AI芯片|谷歌|英伟达
     |openai_网易订阅 https://www.163.com/dy/article/IGC3RP-
     510511B8LM.html
```

提 示

不同的网页有不同的设置，并不是所有网页都会在单击链接后打开新的标签页，爬虫代码需要根据网页的实际情况编写。

5.8 操控浏览器：切换至 <iframe> 标签中的子网页

◎ 代码文件：实例文件＼05＼5.8＼操控浏览器：切换至<iframe>标签中的子网页.py

<iframe> 标签用于在一个网页中嵌套另一个网页。嵌套的子网页可以作为一个独立的部分实现局部刷新，常用于表单的提交和第三方广告的异步加载等。如果要爬取的数据位于 <iframe> 标签下的子网页中，需要先切换到子网页，再获取网页源代码。下面以网易云音乐的"云音乐古典榜"页面（https://music.163.com/#/discover/toplist?id=71384707）为例进行讲解。

在谷歌浏览器中打开目标页面，按〈F12〉键或快捷键〈Ctrl+Shift+I〉，打开开发者工具。在"Elements"选项卡下分析网页源代码，❶可以看到一个 <iframe> 标签，该标签下是一个子网页的完整代码，❷其中包含榜单的数据，如图 5-19 所示。记下 <iframe> 标签的 name 属性值或 id 属性值，在之后编写代码时会用到。

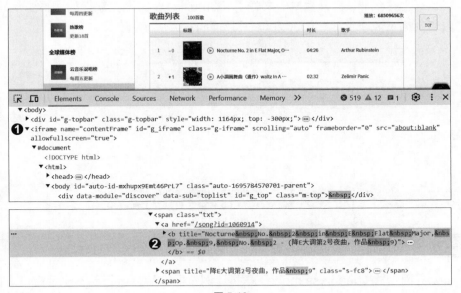

图 5-19

下面来获取 <iframe> 标签下的子网页的源代码，演示代码如下：

```
1  from selenium import webdriver
2  browser = webdriver.Chrome()
```

```
3    url = 'https://music.163.com/#/discover/top-list?id=71384707'
4    browser.get(url)
5    browser.switch_to.frame('contentFrame')
6    html_code = browser.page_source
7    with open(file='163music.txt', mode='w', encoding='utf-8') as fp:
8        fp.write(html_code)
9    browser.quit()
```

第 5 行代码使用 switch_to.frame() 函数根据 <iframe> 标签的 name 属性值 "contentFrame" 切换到嵌套的子网页。这里也可以使用 <iframe> 标签的 id 属性值 "g_iframe" 来进行切换。

第 6 行代码用于获取子网页的源代码。

第 7、8 行代码将获取的网页源代码保存成文本文件。

运行上述代码，打开生成的文件 "163music.txt"，浏览获得的网页源代码，可以看到榜单的数据，如图 5-20 所示，说明获取成功。

```
class="rank"><div class="f-cb"><div class="tt"><a href="/song?id=1060914"><img class="rpic" src=
"http://p2.music.126.net/Dvhon4mH7qimTtE7q3omTw==/1419469524716144.jpg?param=50y50&amp;quality=100"></a><span
data-res-id="1060914" data-res-type="18" data-res-action="play" class="ply "> </span><div class="ttc"><span
class="txt"><a href="/song?id=1060914"><b title=
"Nocturne No. 2 in E Flat Major, Op. 9, No. 2 -
(降E大调第2号夜曲，作品 9)">Nocturne<div class="soil">a</div>e No. 2 in E Flat 
Major, Op. 9, No. 2</b></a><span title="降E大调第2号夜曲，作品 9" class="s-fc8"> -
(降E大调第2号夜曲，<div class="soil">家多当</div>作品 9)</span></span></div></div></div></td><td class=" s-fc3"
```

图 5-20

5.9 操控浏览器：启用无界面模式

   ◎ 代码文件：实例文件 \ 05 \ 5.9 \ 操控浏览器：启用无界面模式.py

无界面模式（headless mode）是指让浏览器在后台运行而不显示窗口。以在无界面模式下获取百度首页的网页源代码为例，演示代码如下：

```
1    from selenium import webdriver
2    chrome_options = webdriver.ChromeOptions()
3    chrome_options.add_argument('--headless')
```

```
4   browser = webdriver.Chrome(options=chrome_options)
5   browser.get('https://www.baidu.com/')
6   html_code = browser.page_source
7   print(html_code)
8   browser.quit()
```

运行以上代码，不会弹出浏览器窗口，但是同样能获得所需的网页源代码。与之前几节的代码对比后可以看出，启用无界面模式只需要将以下这行代码：

```
1   browser = webdriver.Chrome()
```

替换为以下 3 行代码：

```
1   chrome_options = webdriver.ChromeOptions()
2   chrome_options.add_argument('--headless')
3   browser = webdriver.Chrome(options=chrome_options)
```

无界面模式的主要优点是不显示图形用户界面，不会干扰计算机上正在进行的其他操作，同时能降低系统资源消耗和缩短执行时间。但它也有一些显著的缺点，例如：由于没有可见的界面，代码的调试会更加困难，如果出现问题，定位和解决错误可能需要更多的工作；有些网站通过检测浏览器行为来防止爬虫，无界面模式下运行的浏览器会更容易被这些网站的反爬机制检测到。在实践中需要根据具体项目的需求和目标网站的特性来权衡这些优点和缺点，以决定是否启用无界面模式。

5.10　用 Requests 模块获取动态加载的数据

 ◎ 代码文件：实例文件 \ 05 \ 5.10 \ 用Requests模块获取动态加载的数据.py

前面几节学习了如何使用 Selenium 模块操控浏览器访问动态网页并获取源代码，即爬取动态网页的第 1 种常用思路。本节接着讲解爬取动态网页的第 2 种常用思路。

先来简单了解动态网页加载数据的基本工作原理：用户浏览动态网页时执

行了某个特定操作，如单击按钮或滚动页面，网页就会使用 JavaScript 代码向服务器发送获取数据的请求；服务器接收到请求后，会准备好数据（通常为 JSON格式）并作为响应发送回浏览器；浏览器接收到响应后，使用 JavaScript 代码解析数据，并使用数据更新网页的特定部分，这样不需要重新加载整个页面就能更新页面内容。

根据上述工作原理，如果能分析出动态网页请求数据的网址，就能用Requests 模块模拟发送请求、接收响应、解析数据的过程，达到获取动态加载的数据的目的。下面以豆瓣电影动画排行榜为例讲解具体方法。

在谷歌浏览器中打开豆瓣电影排行榜（https://movie.douban.com/chart），在右侧的"分类排行榜"栏目中单击"动画"分类，打开"豆瓣电影分类排行榜-动画片"页面。向下滚动页面，会看到页面中加载出更多的动画片数据，而地址栏中的网址却没有变化，由此可以判断数据是动态加载的。

按〈F12〉键或快捷键〈Ctrl+Shift+I〉，打开开发者工具，❶切换到"Network"选项卡，按快捷键〈Ctrl+R〉刷新页面，❷单击"Fetch / XHR"按钮，❸可以看到筛选出多个加载数据的请求，如图 5-21 所示。

图 5-21

在窗口的上半部分向下滚动页面以加载出新的榜单内容，开发者工具的"Network"选项卡中原有筛选结果的下方也会相应出现新的动态请求。❶单击某一个新的动态请求，❷在右侧切换到"Headers"选项卡，❸找到"General"栏目，其中"Request URL"的值就是请求数据的网址，这里为 https://movie.douban.com/j/chart/top_list?type=25&interval_id=100%3A90&action=&start=40&limit=20，如图 5-22 所示。

图 5-22

根据"?"号可将这个网址拆分成两个部分：第 1 部分 https://movie.douban.com/j/chart/top_list 是请求数据的接口地址；第 2 部分 type=25&interval_id=100%3A90&action=&start=40&limit=20 是动态参数，再根据"&"号进行拆分，即可得到各个动态参数的名称和值。

此外，❶切换到"Headers"选项卡右侧的"Payload"选项卡，❷在"Query String Parameters"栏目下也能看到各个动态参数的名称和值，如图 5-23 所示。

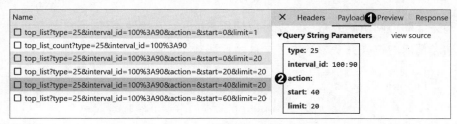

图 5-23

用相同的方法分析其他的动态请求，会发现动态参数中只有 start 的值在变化，变化的规律是 0、20、40、60……而 limit 的值始终是 20。结合参数名称的含义可以推测出，start 代表本次请求从第几条数据开始获取，limit 代表本次请求要获取多少条数据。例如，要获取排行榜中前 100 部电影的数据，则需要将 start 和 limit 分别设置成 0 和 100。

有了接口地址和动态参数后，还需要分析动态请求返回的响应对象，以便完成数据的提取。❶选中任意一个动态请求，❷在右侧界面中切换到"Preview"选项卡，即可预览响应对象的内容，可以看到返回的是 JSON 格式数据，其结构可以理解成一个列表中嵌套着多个字典，每个字典包含一部电影的数据。❸单击数据条目前方的三角形图标将其展开，可以看到更详细的信息，如图 5-24 所示。

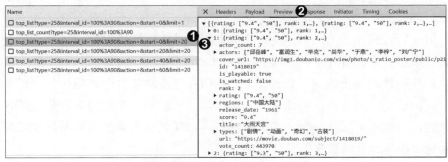

图 5-24

提 示

　　JSON（JavaScript Object Notation，JavaScript 对象标记）是一种轻量级的数据交换格式，广泛应用于 Web 开发等领域。尽管名称中包含"JavaScript"，但实际上 JSON 是独立于编程语言的，可在多种编程环境中使用。

　　JSON 格式数据由数组和对象这两种基本数据结构嵌套组合而成。Python 在处理 JSON 格式数据时，会将数组和对象分别解析成列表和字典。

　　完成动态网页的分析后，就可以使用 Requests 模块中的 get() 函数模拟发送动态请求的过程并获取数据了。演示代码如下：

```
import requests
url = 'https://movie.douban.com/j/chart/top_list'
params = {'type': 25, 'interval_id': '100:90', 'action': '',
'start': 0, 'limit': 50}
headers = {'User-Agent': 'Mozilla/5.0 (Windows NT 10.0; Win64;
x64) AppleWebKit/537.36 (KHTML, like Gecko) Chrome/114.0.0.0
Safari/537.36'}
response = requests.get(url=url, params=params, headers=
headers)
data = response.json()
print(data)
```

　　第 2 行代码给出了前面分析出的接口地址。

　　第 3 行代码以字典的形式给出动态参数，字典的键和值分别为动态参数的名称和值。这里将 start 和 limit 分别设置成 0 和 50，表示获取排行榜中前 50 部电影的数据。

　　第 5 行代码使用 get() 函数携带动态参数对接口地址发起请求并获取响应对象。动态参数通过 get() 函数的参数 params 传入。

　　第 6 行代码使用响应对象的 json() 函数将响应对象的内容解析为 JSON 格式数据。需要注意的是，前面用开发者工具分析出响应对象的内容是 JSON 格式数据，这里才可以用 json() 函数来解析。如果响应对象的内容不是 JSON 格式数据，用 json() 函数来解析会报错。

　　运行上述代码，将会输出获得的 JSON 格式数据，如图 5-25 所示。

[{'rating': ['9.4', '50'], 'rank': 1, 'cover_url': 'https://img1.doubanio.com/view/photo/s_ratio_poster/public/p2557573348.jpg', 'is_playable': False, 'id': '1291561', 'types': ['剧情', '动画', '奇幻'], 'regions': ['日本'], 'title': '千与千寻', 'url': 'https://movie.douban.com/subject/1291561/', 'release_date': '2019-06-21', 'actor_count': 43, 'vote_count': 2268046, 'score': '9.4', 'actors': ['柊瑠美', '入野自由', '夏木真理', '菅原文太', '中村彰男', '玉井夕海', '神木隆之介', '内藤刚志', '泽口靖子', '我修院达也', '大泉洋', '小林郁夫', '上条恒彦', '小野武彦', '田壮壮', '王琳', '安田显', '户次重幸', '胡立成', '山像香', '斋藤志郎', '脇田茂', '彭昱畅', '井柏然', '周冬雨', '塔拉·斯特朗', '黛维·切斯', '迈克尔·切利斯', '苏珊娜·普莱舍特', '约翰·拉森贝格', '迪·布拉雷·贝克尔', '苏珊·伊甘', '戴维·奥格登·施蒂尔斯', '莫娜·马歇尔', '詹妮弗·达林', '雪莉·琳恩', '杰森·马斯登', '杰克·安杰尔', '罗德格尔·邦帕斯', '保罗·伊丁', '鲍伯·伯根', '吉姆·瓦德', '菲尔·普洛克特'], 'is_watched': False}, {'rating': ['9.4', '50'], 'rank': 2, 'cover_url': 'https://img1.doubanio.com/view/photo/s_ratio_poster/public/p2184505167.jpg', 'is_playable': True, 'id': '1418019', 'types': ['剧情', '动画', '奇幻', '古装'], 'regions': ['中国大陆'], 'title': '大闹天宫', 'url': 'https://movie.douban.com/subject/1418019/', 'release_date': '1961', 'actor_count': 7, 'vote_count': 443976, 'score': '9.4', 'actors': ['邱岳峰', '富润生', '毕克', '尚华', '于鼎', '李梓', '刘广宁'], 'is_watched': False}, {'rating': ['9.3', '50'], 'rank': 3, 'cover_url': 'https://img2.doubanio.com/view/photo/s_ratio_poster/public/p1461851991.jpg', 'is_playable': True, 'id': '2131459', 'types': ['科幻', '动画', '冒险'], 'regions': ['美国'], 'titl

图 5-25

为便于进行数据的清洗和存储，可以使用 pandas 模块处理 JSON 格式数据。演示代码如下：

```
1   import pandas as pd
2   df = pd.DataFrame(data)
3   df = df[['rank', 'title', 'vote_count', 'score', 'url']]
4   df.columns = ['排名', '片名', '评价人数', '评分', '网址']
5   df.to_excel('豆瓣动画Top50.xlsx', index=False)
```

第 2 行代码用于将 JSON 格式数据转换成 DataFrame。

第 3 行代码用于从 DataFrame 中提取我们感兴趣的数据列。

第 4 行代码用于对列进行重命名。

第 5 行代码用于将数据导出为 Excel 工作簿。

运行上述代码后，打开生成的工作簿"豆瓣动画 Top50.xlsx"，即可看到爬取的 50 部动画片的数据，如图 5-26 所示。

	A	B	C	D	E
1	排名	片名	评价人数	评分	网址
2	1	千与千寻	2268043	9.4	https://movie.douban.com/subject/1291561/
3	2	大闹天宫	443973	9.4	https://movie.douban.com/subject/1418019/
4	3	机器人总动员	1330075	9.3	https://movie.douban.com/subject/2131459/
5	4	疯狂动物城	1963936	9.2	https://movie.douban.com/subject/25662329/
6	5	龙猫	1279497	9.2	https://movie.douban.com/subject/1291560/
47	46	崖上的波妞	503667	8.6	https://movie.douban.com/subject/1959877/
48	47	回忆三部曲	62881	8.9	https://movie.douban.com/subject/1307867/
49	48	穿越时空的少女	383320	8.6	https://movie.douban.com/subject/1937946/
50	49	玩具总动员	373066	8.6	https://movie.douban.com/subject/1291575/
51	50	麦兜故事	184410	8.6	https://movie.douban.com/subject/1302476/
52					

图 5-26

5.11　使用 Cookie 模拟登录

◎ 代码文件：实例文件 \ 05 \ 5.11 \ 使用Cookie模拟登录.py

Cookie 是网站存放在用户计算机上的信息，用于跟踪用户在网站上的行为。Cookie 可以让网站记住用户的偏好，或者避免用户每次访问网站时都要登录，从而改善浏览体验。

有些网站只有登录账号后才会显示有价值的信息。对于这类网站的数据爬取，一个比较简单的思路是用 Selenium 模块操控浏览器打开登录页面进行手动登录，再继续访问数据页面并获取源代码。这种思路需要全程打开浏览器，因而爬取速度也相对较慢。如果对爬取速度要求较高，可以在 Cookie 上做文章，主要包括 3 个步骤：使用 Selenium 模块手动登录并获取记录着登录状态的 Cookie；按照 Requests 模块的数据格式整理获取的 Cookie；使用 Requests 模块携带整理好的 Cookie 模拟登录网站去爬取所需页面。

下面以企查查（https://www.qcc.com/）为例进行讲解，在该网站中搜索企业信息时，必须登录账号才能看到搜索结果。

1. 用 Selenium 模块获取 Cookie

首先用 Selenium 模块进行手动登录并获取 Cookie，演示代码如下：

```
1   from selenium import webdriver
2   import time
3   from pprint import pprint
4   browser = webdriver.Chrome()
5   url = 'https://www.qcc.com/weblogin'
6   browser.get(url)
7   time.sleep(20)
8   cookies = browser.get_cookies()
9   pprint(cookies)
10  browser.quit()
```

第 3 行代码用于导入 Python 内置的 pprint 模块中的 pprint() 函数。该函数能以更易读的方式输出带有嵌套结构的数据。

第 4 ～ 6 行代码用于启动浏览器并打开企查查的登录页面，运行效果如图 5-27 所示。

图 5-27

第 7 行代码设置等待 20 秒，在这段时间内我们需要在浏览器的登录页面中完成手动登录。

第 8 行代码使用 get_cookies() 函数获取登录后的 Cookie 信息，该信息中记录着登录状态。需要注意的是，Cookie 信息有一定的时效性，通常是 1 天左右。

第 9 行代码使用 pprint() 函数输出获得的 Cookie 信息，输出结果如图 5-28 所示。可以看到，Cookie 信息的结构是一个包含多个字典的列表。每个字典中都有多个键值对，但传给 Requests 模块使用时，只需要其中的 name 键和 value 键所对应的值，因此，接下来还需要对获得的 Cookie 信息进行处理。

```
[{'domain': 'www.qcc.com',
  'expiry': 1712478065,
  'httpOnly': False,
  'name': 'CNZZ          ',
  'path': '/',
  'sameSite': 'Lax',
  'secure': False,
  'value': '1206271139-          '},
 {'domain': '.qcc.com',
  'expiry': 1731313253,
  'httpOnly': False,
  'name': 'qcc_did',
  'path': '/',
  'sameSite': 'None',
  'secure': True,
  'value': 'b05378e1-          '},
```

图 5-28

2. 修改 Cookie 的数据格式

通过如下代码可以将用 Selenium 模块获取的 Cookie 信息的数据格式修改成 Requests 模块要求的格式：

```
1    cookie_dict = {}
2    for item in cookies:
```

```
3      cookie_dict[item['name']] = item['value']
4   pprint(cookie_dict)
```

第 1 行代码创建了一个空字典 cookie_dict，用于存储从 Cookie 信息中提取的值。

第 2、3 行代码用于遍历 Cookie 信息，从中提取各个字典的 name 键和 value 键对应的值，并添加到第 1 行代码创建的字典 cookie_dict 中。由之前的输出结果可知，变量 cookies 是一个包含多个字典的列表，那么这里的循环变量 item 就代表一个字典，item['name'] 和 item['value'] 是根据字典 item 的键提取对应的值，cookie_dict[item['name']] = item['value'] 则是将提取的值组成新的键值对添加到字典 cookie_dict 中。例如，第 1 个字典的 name 键对应的值为 "CNZZ×××"，value 键对应的值为 "1206271139-×××"，第 3 行代码就是将它们组成新的键值对 "'CNZZ×××': '1206271139-×××'" 并添加到字典 cookie_dict 中。

第 4 行代码用于输出处理后的字典 cookie_dict，结果如图 5-29 所示。这就是符合 Requests 模块的要求的 Cookie 信息数据格式。

```
{'CNZZ▨▨▨▨▨▨▨▨': '1206271139-▨▨▨▨▨▨▨▨',
 'QCCSESSID': '59fd9▨▨▨▨▨▨▨▨',
 'UM_distinctid': '18b0e60049621b-▨▨▨▨▨▨▨▨',
 'acw_tc': '77543▨▨▨▨▨▨▨▨',
 'qcc_did': 'b05378e1-▨▨▨▨▨▨▨▨'}
```

图 5-29

3. 通过 Requests 模块使用 Cookie

整理好 Cookie 信息的数据格式，就可以通过 Requests 模块进行模拟登录了，演示代码如下：

```
1   url = 'https://www.qcc.com/web/search?key=Microsoft'
2   headers = {'User-Agent': 'Mozilla/5.0 (Windows NT 10.0; Win64;
    x64) AppleWebKit/537.36 (KHTML, like Gecko) Chrome/114.0.0.0
    Safari/537.36'}
3   response = requests.get(url=url, headers=headers, cook-
    ies=cookie_dict)
4   response.encoding = response.apparent_encoding
```

```
5    html_code = response.text
6    if '微软（中国）有限公司' in html_code:
7        print('登录成功')
8    else:
9        print('登录失败')
```

第 1 ～ 3 行代码用于对指定的网址发起请求，上一步处理好的字典 cookie_dict 通过参数 cookies 传入 get() 函数。这 3 行代码相当于在企查查中登录账号并搜索与 "Microsoft" 相关的企业信息，如图 5-30 所示。

图 5-30

第 4、5 行代码用于从响应对象中提取网页源代码。

如果登录成功，获得的网页源代码将会包含搜索到的相关企业的名称。第 6 ～ 9 行代码根据这一点来判断是否登录成功，运行结果如下，说明成功地实现了模拟登录，并获取到包含搜索结果的网页源代码。

```
1    登录成功
```

5.12　动态网页爬取实战 1：单页爬取

◎　代码文件：实例文件＼05＼5.12＼动态网页爬取实战1：单页爬取.py

本节和下一节将对前面学习的知识进行综合运用，从中国科普网爬取农业资讯数据，包括标题、网址、发布时间、来源。本节先从较简单的爬取单页数据入手。

步骤 01 **分析目标页面**。在谷歌浏览器中打开中国科普网的首页（http://www.kepu.gov.cn/www），单击"精选资讯"导航条中的"农业"链接，随后会打开一个新的标签页，显示相应的农业资讯页面，如图 5-31 所示。用右键快捷菜单查看农业资讯页面的网页源代码，会发现其中没有页面中显示的资讯内容，单击页面底部的翻页按钮进行翻页，地址栏中的网址也不会改变，说明该页面是动态页面。

图 5-31

步骤 02 **获取网页源代码**。前面介绍了爬取动态页面的多种思路，这里选择使用 Selenium 模块获取网页源代码。相应代码如下：

```
1   from selenium import webdriver
2   from selenium.webdriver.common.by import By
3   import time
4   browser = webdriver.Chrome()
5   browser.maximize_window()
6   url = 'http://www.kepu.gov.cn/www'
7   browser.get(url)
8   time.sleep(3)
```

```
9   browser.find_element(By.CSS_SELECTOR, '#sonnavhtml').find_
    element(By.LINK_TEXT, '农业').click()
10  time.sleep(3)
11  handles = browser.window_handles
12  browser.switch_to.window(handles[-1])
13  html_code = browser.page_source
14  with open(file='kepu.txt', mode='w', encoding='utf-8') as f:
15      f.write(html_code)
16  browser.quit()
```

第 6、7 行代码用于操控浏览器打开中国科普网的首页。

第 9 行代码用于单击“精选资讯”导航条中的“农业”链接。其中连续调用了两次 find_element() 函数，第 1 次调用是根据 CSS 选择器定位“精选资讯”导航条，第 2 次调用则是在导航条中根据链接文本定位“农业”链接。find_element() 函数支持的定位方式参见表 5-1。

第 11、12 行代码用于切换至单击“农业”链接后打开的标签页。

第 13 ～ 15 行代码用于获取当前标签页的网页源代码并保存成文本文件“kepu.txt”。

运行以上代码后，打开生成的文本文件“kepu.txt”，浏览获得的网页源代码，可以在其中看到要爬取的资讯数据，如图 5-32 所示，说明网页源代码获取成功。

```
</a>                    <div class="media-body">
<div class="media-heading"><a href=
"/www/article/5a498b32d692435baa1eea61db16759e" target="_blank">业兴人旺，“消薄”增收</a></div>
<div class="content hidden-xs"><a href=
"/www/article/5a498b32d692435baa1eea61db16759e" target="_blank">
近年来，北京市不断培育壮大农村集体产业，着力发展集体经济，598个集体年经营性收入低于10万元的经济薄弱村已经全部“消薄”，
成功探索出了产业合作、项目联建等发展模式。</a><font class="content-baffle"></font></div>
<div class="bottom">
    <i class="fa fa-calendar" aria-hidden="true"></i>
    <span class="date">2023-10-08 10:13</span>
    <span class="source">北京美丽乡村网</span>
```

图 5-32

步骤 03 **分析网页源代码并编写正则表达式**。获得网页源代码之后，接着需要从网页源代码中提取数据，这里选择使用正则表达式来完成这项工作。使用开发者工具分析包含所需数据的网页源代码，如图 5-33 所示是包含标题和网址的网页源代码，如图 5-34 所示是包含发布时间和来源的网页源代码。

图 5-33

图 5-34

通过分析多条资讯的网页源代码，可以总结出其规律，然后以前面获取的"kepu.txt"中的网页源代码为依据对总结出的规律进行核准，最后编写出提取数据的正则表达式。相应代码如下：

```
1  p_title = '<div class="media-heading"><a href=".*?" target=
   "_blank">(.*?)</a>'
2  p_link = '<div class="media-heading"><a href="(.*?)" target=
   "_blank">.*?</a>'
3  p_date = '<span class="date">(.*?)</span>'
4  p_source = '<span class="source">(.*?)</span>'
```

步骤04 **使用正则表达式提取数据**。完成正则表达式的编写后，即可使用 find-all() 函数提取数据。相应代码如下：

```
1  import re
2  title = re.findall(p_title, html_code, re.S)
3  link = re.findall(p_link, html_code, re.S)
```

```
4    date = re.findall(p_date, html_code, re.S)
5    source = re.findall(p_source, html_code, re.S)
6    print(len(title), len(link), len(date), len(source))
7    print(title, link, date, source, sep='\n')
```

第 6 行代码用于输出获得的 4 个数据列表的长度，以检查其是否一致。

第 7 行代码用于输出获得的 4 个数据列表的详细内容。其中设置参数 sep
为 '\n'，表示每输出一个值就换行。

运行以上代码，输出结果如图 5-35 所示。目标网页中每页只有 10 条资讯，
而正则表达式提取出的每个数据列表都有 11 个元素，原因是每个列表末尾都
有一个多余的元素。

```
11 11 11 11
['业兴人旺，"消薄"增收', '"1+4"配套制度为北京高标准农田建设保驾护航', '寒露｜十月寒露白 风吹秋草黄', '中国水稻研究所加强
优质、抗虫等优良品种推广应用', '助农增收，生姜也能唱"主角"', '北京举办密云特色粮经作物庆丰收', '北京农民体育健儿全国比赛
取得佳绩', '施肥打垄塑形一体机首次\u200b助力京郊甘薯生产', '设施蔬菜粉虱如何防控？', '北京：丰收的土地上零距离感受梨文化
魅力', '"'+item.title+'"']
['/www/article/5a498b32d692435baa1eea61db16759e', '/www/article/f423781a018848d3b1bb947c9fc8e104', '/www/article/8d2f45d9
df494014ba0753ff47aea5c5', '/www/article/aec8ed034dec4e4186c8ae82516ac2b2', '/www/article/93a8b3cb5d4247b581ef3e9d47462cf
d', '/www/article/dbe5c6e2713b45f69f2a3359f465422e', '/www/article/ae3429d445a348b986617c571740f783', '/www/article/b7144
f2710354fbe9b3962fc4dc9363b', '/www/article/23630620c9d8421eb946b24ac73a8f6e', '/www/article/4fdaac0fae2b4a9e9630217c6345
d7d0', '"/www/article/'+item.id+'"']
['2023-10-08 10:13', '2023-10-08 10:09', '2023-10-08 10:00', '2023-10-02 15:57', '2023-09-28 16:37', '2023-09-28 12:22',
'2023-09-28 12:19', '2023-09-28 12:16', '2023-09-28 12:06', '2023-09-28 11:58', '"+undefinedStr(item.publishDate)+'"']
['北京美丽乡村网', '北京美丽乡村网', '北京美丽乡村网', '科普时报', '科普时报', '北京美丽乡村网', '北京美丽乡村网', '北
京美丽乡村网', '北京美丽乡村网', '北京美丽乡村网', '"'+undefinedStr(item.copyfrom)+'"']
```

图 5-35

步骤05 **清洗数据**。前面提取到的每个列表末尾都有一个多余的元素，因此还需
要对数据进行清洗，删除所有列表的最后一个元素。相应代码如下：

```
1    title = title[:-1]
2    link = link[:-1]
3    date = date[:-1]
4    source = source[:-1]
5    print(len(title), len(link), len(date), len(source))
6    print(title, link, date, source, sep='\n')
```

第 1 ～ 4 行代码通过列表切片的方式选取第 1 个元素至倒数第 2 个元素，
从而达到删除最后一个元素的目的。

运行以上代码，输出结果如图 5-36 所示。可以看到成功地删除了多余的
列表元素。

```
10 10 10 10
['业兴人旺，"消薄"增收', '"1+4"配套制度为北京高标准农田建设保驾护航', '寒露 ｜ 十月寒露白 风吹秋草黄', '中国水稻研究所加强
优质、抗虫等优良品种推广应用', '助农增收，生姜也能唱"主角"', '北京举办密云特色粮经作物庆丰收', '北京农民体育健儿全国比赛
取得佳绩', '施肥打垄塑形一体机首次\u200b助力京郊甘薯生产', '设施蔬菜粉虱如何防控？', '北京：丰收的土地上零距离感受梨文化
魅力']
['/www/article/5a498b32d692435baa1eea61db16759e', '/www/article/f423781a018848d3b1bb947c9fc8e104', '/www/article/8d2f45d9
df494014ba0753ff47aea5c5', '/www/article/aec8ed034dec4e4186c8ae82516ac2b2', '/www/article/93a8b3cb5d4247b581ef3e9d47462cf
d', '/www/article/dbe5c6e2713b45f69f2a3359f465422e', '/www/article/ae3429d445a348b986617c571740f783', '/www/article/b7144
f2710354fbe9b3962fc4dc9363b', '/www/article/23630620c9d8421eb946b24ac73a8f6e', '/www/article/4fdaac0fae2b4a9e9630217c6345
d7d0']
['2023-10-08 10:13', '2023-10-08 10:09', '2023-10-08 10:00', '2023-10-02 15:57', '2023-09-28 16:37', '2023-09-28 12:22',
'2023-09-28 12:19', '2023-09-28 12:16', '2023-09-28 12:06', '2023-09-28 11:58']
['北京美丽乡村网', '北京美丽乡村网', '北京美丽乡村网', '科普时报', '科普时报', '北京美丽乡村网', '北京美丽乡村网', '北京
美丽乡村网', '北京美丽乡村网', '北京美丽乡村网']
```

图 5-36

步骤06 **导出数据**。完成数据的清洗后，还需要保存数据。这里使用 pandas 模块将数据导出为 Excel 工作簿。相应代码如下：

```
1  import pandas as pd
2  data = {'标题': title, '网址': link, '发布时间': date, '来
   源': source}
3  data = pd.DataFrame(data)
4  data.to_excel('农业资讯(单页).xlsx', index=False)
```

第 2 行代码构造了一个字典，字典的键为列名，值为包含列中数据的列表。

第 3 行代码将第 2 行代码构造的字典转换为 DataFrame。

第 4 行代码使用 to_excel() 函数将 DataFrame 中的数据写入工作簿"农业资讯（单页）.xlsx"。

运行以上代码后，打开生成的工作簿"农业资讯（单页）.xlsx"，可看到如图 5-37 所示的数据表格。其中"网址"列的数据缺少前缀"http://www.kepu.gov.cn"，需要进行补全，具体方法将在第 6 章讲解。

	A	B	C	D
1	标题	网址	发布时间	来源
2	业兴人旺，"消薄"增收	/www/article/5a498b32d692435baa1eea61db16759e	2023-10-08 10:13	北京美丽乡村网
3	"1+4"配套制度为北京高标准农田建设保驾护航	/www/article/f423781a018848d3b1bb947c9fc8e104	2023-10-08 10:09	北京美丽乡村网
4	寒露 ｜ 十月寒露白 风吹秋草黄	/www/article/8d2f45d9df494014ba0753ff47aea5c5	2023-10-08 10:00	北京美丽乡村网
5	中国水稻研究所加强优质、抗虫等优良品种推广应用	/www/article/aec8ed034dec4e4186c8ae82516ac2b2	2023-10-02 15:57	科普时报
6	助农增收，生姜也能唱"主角"	/www/article/93a8b3cb5d4247b581ef3e9d47462cfd	2023-09-28 16:37	科普时报
7	北京举办密云特色粮经作物庆丰收	/www/article/dbe5c6e2713b45f69f2a3359f465422e	2023-09-28 12:22	北京美丽乡村网
8	北京农民体育健儿全国比赛取得佳绩	/www/article/ae3429d445a348b986617c571740f783	2023-09-28 12:19	北京美丽乡村网
9	施肥打垄塑形一体机首次助力京郊甘薯生产	/www/article/b7144f2710354fbe9b3962fc4dc9363b	2023-09-28 12:16	北京美丽乡村网
10	设施蔬菜粉虱如何防控？	/www/article/23630620c9d8421eb946b24ac73a8f6e	2023-09-28 12:06	北京美丽乡村网
11	北京：丰收的土地上零距离感受梨文化魅力	/www/article/4fdaac0fae2b4a9e9630217c6345d7d0	2023-09-28 11:58	北京美丽乡村网
12				

图 5-37

本节的完整代码经整理后如下：

```
1  from selenium import webdriver
```

```
2   from selenium.webdriver.common.by import By
3   import time
4   import re
5   import pandas as pd
6   browser = webdriver.Chrome()
7   browser.maximize_window()
8   url = 'http://www.kepu.gov.cn/www'
9   browser.get(url)
10  time.sleep(3)
11  browser.find_element(By.CSS_SELECTOR, '#sonnavhtml').find_
    element(By.LINK_TEXT, '农业').click()
12  time.sleep(3)
13  handles = browser.window_handles
14  browser.switch_to.window(handles[-1])
15  html_code = browser.page_source
16  browser.quit()
17  p_title = '<div class="media-heading"><a href=".*?" target=
    "_blank">(.*?)</a>'
18  p_link = '<div class="media-heading"><a href="(.*?)" target=
    "_blank">.*?</a>'
19  p_date = '<span class="date">(.*?)</span>'
20  p_source = '<span class="source">(.*?)</span>'
21  title = re.findall(p_title, html_code, re.S)
22  link = re.findall(p_link, html_code, re.S)
23  date = re.findall(p_date, html_code, re.S)
24  source = re.findall(p_source, html_code, re.S)
25  title = title[:-1]
26  link = link[:-1]
27  date = date[:-1]
28  source = source[:-1]
29  data = {'标题': title, '网址': link, '发布时间': date, '来源':
    source}
```

```
30    data = pd.DataFrame(data)
31    data.to_excel('农业资讯(单页).xlsx', index=False)
```

5.13 动态网页爬取实战 2：多页爬取

◎ 代码文件：实例文件＼05＼5.13＼动态网页爬取实战2：多页爬取.py

　　上一节实现了单页数据的爬取，本节将在此基础上实现多页数据的批量爬取。

步骤01 **编写自定义函数。**为便于代码的维护，先将提取数据的代码封装成一个自定义函数 extract_data()。该函数只有一个参数 html_code，代表要提取数据的网页源代码，提取的数据会以 DataFrame 的格式返回。相应代码如下：

```
1    def extract_data(html_code):
2        p_title = '<div class="media-heading"><a href=".*?"
         target="_blank">(.*?)</a>'
3        p_link = '<div class="media-heading"><a href="(.*?)"
         target="_blank">.*?</a>'
4        p_date = '<span class="date">(.*?)</span>'
5        p_source = '<span class="source">(.*?)</span>'
6        title = re.findall(p_title, html_code, re.S)
7        link = re.findall(p_link, html_code, re.S)
8        date = re.findall(p_date, html_code, re.S)
9        source = re.findall(p_source, html_code, re.S)
10       title = title[:-1]
11       link = link[:-1]
12       date = date[:-1]
13       source = source[:-1]
14       data = {'标题': title, '网址': link, '发布时间': date,
         '来源': source}
15       return pd.DataFrame(data)
```

步骤 02 **获取"下一页"按钮的 XPath 表达式**。多页爬取的关键是自动翻页，这里采用 Selenium 模块模拟单击"下一页"按钮的方式来实现自动翻页。这种方式需要定位"下一页"按钮，按照前面的讲解，定位的方式有多种，这里选择 XPath 法，使用开发者工具获取"下一页"按钮的 XPath 表达式，如图 5-38 所示。

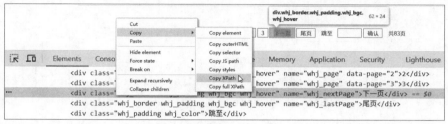

图 5-38

步骤 03 **构造循环实现自动翻页**。现在可以用 for 语句构造循环，自动单击"下一页"按钮进行翻页并提取数据。相应代码如下：

```
1   all_data = []
2   for page in range(5):
3       all_data.append(extract_data(browser.page_source))
4       browser.find_element(By.XPATH, '//*[@id="pageNumber"]/
        div/div[6]').click()
5       time.sleep(3)
6   browser.quit()
7   all_data = pd.concat(all_data)
8   all_data.to_excel('农业资讯(多页).xlsx', index=False)
```

第 1 行代码创建了一个空列表 all_data，用于存放从每一页中提取的数据。

第 2～5 行代码用于爬取前 5 页的数据。第 2 行代码使用 range() 函数构造了一个循环次数为 5 的循环。第 3 行代码调用自定义函数 extract_data() 从当前页面的源代码中提取数据，并将返回的 DataFrame 添加到第 1 行代码创建的列表 all_data 中。第 4 行代码用于定位并单击"下一页"按钮，其中的"//*[@id="pageNumber"]/div/div[6]"是上一步获取的 XPath 表达式。第 5 行代码用于等待一定的时间，让页面加载完毕。

第 7 行代码使用 concat() 函数将列表 all_data 中的 DataFrame 拼接在一起。

第 8 行代码将处理好的数据导出成工作簿。

本节的完整代码如下：

```
1   from selenium import webdriver
2   from selenium.webdriver.common.by import By
3   import time
4   import re
5   import pandas as pd
6   def extract_data(html_code):
7       p_title = '<div class="media-heading"><a href=".*?"
        target="_blank">(.*?)</a>'
8       p_link = '<div class="media-heading"><a href="(.*?)"
        target="_blank">.*?</a>'
9       p_date = '<span class="date">(.*?)</span>'
10      p_source = '<span class="source">(.*?)</span>'
11      title = re.findall(p_title, html_code, re.S)
12      link = re.findall(p_link, html_code, re.S)
13      date = re.findall(p_date, html_code, re.S)
14      source = re.findall(p_source, html_code, re.S)
15      title = title[:-1]
16      link = link[:-1]
17      date = date[:-1]
18      source = source[:-1]
19      data = {'标题': title, '网址': link, '发布时间': date,
        '来源': source}
20      return pd.DataFrame(data)
21  browser = webdriver.Chrome()
22  browser.maximize_window()
23  url = 'http://www.kepu.gov.cn/www'
24  browser.get(url)
25  time.sleep(3)
26  browser.find_element(By.CSS_SELECTOR, '#sonnavhtml').find_
    element(By.LINK_TEXT, '农业').click()
```

```
27    time.sleep(3)
28    handles = browser.window_handles
29    browser.switch_to.window(handles[-1])
30    all_data = []
31    for page in range(5):
32        all_data.append(extract_data(browser.page_source))
33        browser.find_element(By.XPATH, '//*[@id="pageNumber"]/
          div/div[6]').click()
34        time.sleep(3)
35    browser.quit()
36    all_data = pd.concat(all_data)
37    all_data.to_excel('农业资讯(多页).xlsx', index=False)
```

运行以上代码后，打开生成的工作簿"农业资讯（多页）.xlsx"，可看到成
功地爬取了前 5 页共 50 条农业资讯，如图 5-39 所示。

	A	B	C	D
1	标题	网址	发布时间	来源
2	北京两家农场入选"生态农场创新创业典型案例"	/www/article/7efbd01e99ac4f3c9fcabdb486b035fd	2023-10-09 15:27	北京美丽乡村网
3	业兴人旺，"消薄"增收	/www/article/5a498b32d692435baa1eea61db16759e	2023-10-08 10:13	北京美丽乡村网
4	"1+4"配套制度为北京高标准农田建设保驾护航	/www/article/f423781a018848d3b1bb947c9fc8e104	2023-10-08 10:09	北京美丽乡村网
5	寒露｜十月寒露白 风吹秋草黄	/www/article/8d2f45d9df494014ba0753ff47aea5c5	2023-10-08 10:00	北京美丽乡村网
47	白露｜白露秋分夜 一夜凉一夜	/www/article/677792d8005f47b39a5a36949ac1f67e	2023-09-08 15:16	北京美丽乡村网
48	突破壁垒 "京龙1号"打造鲟鱼种业国际领先品牌	/www/article/82536c30d3ec46339d4f63e88af0fa26	2023-09-08 15:05	北京美丽乡村网
49	华西牛：掀开肉牛种业的新篇章	/www/article/789d0c59948640caadcd911bf767efff	2023-09-07 13:39	北京美丽乡村网
50	北京：果园农机到地头 生动展示促发展	/www/article/ab08c110ec5b4425a9d8c64c9a5eb2d1	2023-09-06 11:40	北京美丽乡村网
51	国家林草局参加2023年"科普援藏"活动 捐赠林草科普物资	/www/article/66983f5938de4bf38df2e61054492309	2023-09-06 09:26	中国科普网
52				

图 5-39

第 **6** 章

爬虫数据的处理和分析

　　用爬虫程序获取的数据有可能包含各种不一致、不规范或无效的信息，需要进行处理和清洗，以提高数据的质量，满足实际应用的需求。对处理好的数据进行分析和可视化，可以挖掘出隐藏在数据背后的信息，提高数据的使用价值。本章将讲解如何使用 pandas 等模块处理和分析用爬虫获取的数据。

6.1　pandas 模块的基本数据结构：Series

◎　代码文件：实例文件＼06＼6.1＼pandas模块的基本数据结构：Series.py

pandas 模块中有两个重要的对象——Series 和 DataFrame，分别代表一维和二维的数据结构。实际工作中用得较多的是 DataFrame，本节先对 Series 做简单介绍。

我们可以基于列表创建 Series，演示代码如下：

```
1  import pandas as pd
2  s1 = pd.Series(['白糖', '玉米', '小麦'])
3  print(s1)
```

代码运行结果如下。可以看到 Series 结构中的每个元素都有一个行标签，其值默认为从 0 开始的整数序列，如这里的 0、1、2。

```
1  0    白糖
2  1    玉米
3  2    小麦
4  dtype: object
```

如果想要在创建 Series 时自定义元素的行标签，有两种方法。第 1 种方法是使用参数 index 传入行标签列表，演示代码如下：

```
1  import pandas as pd
2  s2 = pd.Series(['白糖', '玉米', '小麦'], index=['a001',
   'a002', 'a003'])
3  print(s2)
```

代码运行结果如下。可以看到，s2 中 3 个元素的行标签分别为自定义的 a001、a002、a003。

```
1  a001    白糖
2  a002    玉米
```

```
3    a003     小麦
4    dtype: object
```

第 2 种方法是基于字典创建 Series，演示代码如下：

```
1    import pandas as pd
2    s3 = pd.Series({'a001': '白糖', 'a002': '玉米', 'a003': '小
     麦'})
3    print(s3)
```

第 2 行代码使用一个字典来创建 Series，字典的键将是 Series 元素的行标签，字典的值则是 Series 的元素。代码运行结果与前面相同，不再赘述。

6.2　pandas 模块的基本数据结构：DataFrame

 ◎ 代码文件：实例文件＼06＼6.2＼pandas模块的基本数据结构：DataFrame.py

DataFrame 是一种二维的数据结构对象，类似 Excel 中的数据表格，其主要组成部分如图 6-1 所示。

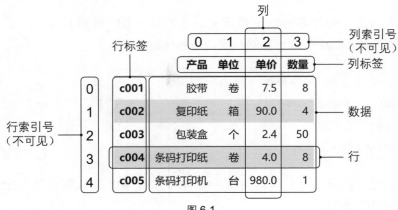

图 6-1

在前几章的爬虫案例中，经常基于列表和字典来创建 DataFrame，这里进行一个系统的总结。读者在工作中可以根据实际情况灵活选择创建 DataFrame 的方式。

1. 基于列表创建 DataFrame

基于列表创建 DataFrame 的演示代码如下：

```
1   import pandas as pd
2   data1 = [['胶带', '卷', 7.5, 8],
3            ['复印纸', '箱', 90.0, 4],
4            ·['包装盒', '个', 2.4, 50]]
5   columns = ['产品', '单位', '单价', '数量']
6   index = ['c001', 'c002', 'c003']
7   df1 = pd.DataFrame(data1, columns=columns, index=index)
8   print(df1)
```

第 2 ～ 4 行代码创建了一个二维列表作为 DataFrame 的数据。所谓二维列表就是一个大列表中包含着多个小列表，每个小列表代表 DataFrame 中的一行数据。为便于读者看清二维列表的结构，这里采用了多行的书写形式，也可以采用单行的书写形式，例如：

```
1   data1 = [['胶带', '卷', 7.5, 8], ['复印纸', '箱', 90.0, 4],
        ['包装盒', '个', 2.4, 50]]
```

第 5、6 行代码创建的两个列表分别作为 DataFrame 的列标签和行标签。

第 7 行代码基于前面创建的列表创建 DataFrame，其中列标签和行标签分别通过参数 columns 和 index 传入。

运行上述代码后，变量 df1 中的 DataFrame 如图 6-2 所示。可以看到，原先二维列表中的每个小列表都变成了 DataFrame 中的一行数据。

	产品	单位	单价	数量
c001	胶带	卷	7.5	8
c002	复印纸	箱	90.0	4
c003	包装盒	个	2.4	50

图 6-2

在很多情况下不需要设置自定义的行标签，在创建 DataFrame 时就可以省略参数 index，表示自动生成从 0 开始的整数序列作为行标签。例如，可以将上述第 7 行代码修改成如下形式：

```
1    df1 = pd.DataFrame(data1, columns=columns)
```

创建出的 DataFrame 如图 6-3 所示。

	产品	单位	单价	数量
0	胶带	卷	7.5	8
1	复印纸	箱	90.0	4
2	包装盒	个	2.4	50

图 6-3

2. 基于字典 + 列表创建 DataFrame

基于字典 + 列表创建 DataFrame 的演示代码如下：

```
1    import pandas as pd
2    data2 = {'产品': ['胶带', '复印纸', '包装盒'],
3             '单位': ['卷', '箱', '个'],
4             '单价': [7.5, 90.0, 2.4],
5             '数量': [8, 4, 50]}
6    df2 = pd.DataFrame(data2)
7    print(df2)
```

第 2 ～ 5 行代码创建了一个嵌套着列表的字典：字典的键是 DataFrame 中某一列的列标签；字典的值是一个列表，列表中存放着该列的数据。为便于读者看清数据的结构，这里同样采用了多行的书写形式，也可以采用单行的书写形式。

第 6 行代码基于前面创建的数据结构创建 DataFrame。因为数据结构中已经包含列标签信息，所以省略了参数 columns。此外还省略了参数 index，表示使用从 0 开始的整数序列作为行标签。如果想要自定义行标签，也可以添加参数 index。

运行上述代码后，变量 df2 中的 DataFrame 与图 6-3 所示的相同，这里不再赘述。

3. 基于列表 + 字典创建 DataFrame

基于列表 + 字典创建 DataFrame 的演示代码如下：

```
1    import pandas as pd
2    data3 = [{'产品': '胶带', '单位': '卷', '单价': 7.5, '数量': 8},
3             {'产品': '复印纸', '单位': '箱', '单价': 90.0, '数量':
             4},
4             {'产品': '包装盒', '单位': '个', '单价': 2.4, '数量':
             50}]
5    df3 = pd.DataFrame(data3)
6    print(df3)
```

第 2 ～ 4 行代码创建了一个嵌套着字典的列表，每个字典代表 DataFrame 中的一行，字典的键是列标签，字典的值则是数据。为便于读者看清数据的结构，这里同样采用了多行的书写形式，也可以采用单行的书写形式。

第 5 行代码基于前面创建的数据结构创建 DataFrame。因为数据结构中已经包含列标签信息，所以省略了参数 columns。此外还省略了参数 index，表示使用从 0 开始的整数序列作为行标签。如果想要自定义行标签，也可以添加参数 index。

运行上述代码后，变量 df3 中的 DataFrame 与图 6-3 所示的相同，不再赘述。

6.3　用 pandas 模块读写数据文件

◎　数据文件：实例文件 \ 06 \ 6.3 \ 订单表.xlsx、订单表.csv
◎　代码文件：实例文件 \ 06 \ 6.3 \ 读写Excel工作簿.py、读写CSV文件.py

使用 pandas 模块可以从多种格式的数据文件中读取数据，也可以将处理后的数据写入这些文件。本节将讲解如何从 Excel 工作簿和 CSV 文件这两种常见的数据文件中读写数据。

1. 读取 Excel 工作簿中的数据

使用 pandas 模块中的 read_excel() 函数可以从 Excel 工作簿中读取数据

并创建相应的 DataFrame 对象。这里以如图 6-4 所示的工作簿“订单表 .xlsx”为例进行讲解。

	A	B	C	D	E	F
1	订单编号	产品	单位	单价	数量	
2	d001	投影仪	台	¥ 400.00	5	
3	d002	马克笔	盒	¥ 60.00	5	
4	d003	打印机	台	¥ 298.00	1	
5	d004	点钞机	台	¥ 349.00	1	
6	d005	复印纸	箱	¥ 50.00	2	
7	d006	条码打印纸	卷	¥ 4.00	6	
8						

1月 | 2月 | 3月 | 4月 | 5月 | 6月

图 6-4

（1）**读取指定工作表的数据**：要读取的工作簿“订单表 .xlsx”中有多个工作表，可以通过参数 sheet_name 指定从哪个工作表中读取数据。演示代码如下：

```
1 import pandas as pd
2 data = pd.read_excel('订单表.xlsx', sheet_name=3)
3 print(data)
```

read_excel() 函数的第 1 个参数用于指定要读取的工作簿的文件路径。第 2 行代码中使用的文件路径是相对路径，也可以使用绝对路径。

第 2 个参数 sheet_name 用于指定从哪个工作表中读取数据，参数值可以为整型数字或字符串。当参数值为整型数字时，以 0 代表第 1 个工作表，以 1 代表第 2 个工作表，依此类推。第 2 行代码中设置的参数值是 3，表示读取第 4 个工作表。当参数值为字符串时，表示要读取的工作表的名称。例如，这里的 sheet_name=3 可以修改为 sheet_name='4 月 '。如果省略参数 sheet_name，则默认读取第 1 个工作表。

读取数据得到的 DataFrame 如图 6-5 所示。

	订单编号	产品	单位	单价	数量
0	d001	投影仪	台	400	5
1	d002	马克笔	盒	60	5
2	d003	打印机	台	298	1
3	d004	点钞机	台	349	1
4	d005	复印纸	箱	50	2
5	d006	条码打印纸	卷	4	6

图 6-5

提　示

如果将参数 sheet_name 设置为 None，则表示读取工作簿中所有工作表的数据。read_excel() 函数返回的将是一个字典，字典的键和值分别是各个工作表的名称和包含相应工作表数据的 DataFrame。

（2）**读取数据时指定行标签**：从图 6-5 可以看出，read_excel() 函数在读取数据时默认使用从 0 开始的整数序列作为行标签。如果要指定使用数据表的第几列（从 0 开始计数）的内容作为行标签，可以通过设置参数 index_col 来实现。演示代码如下：

```
1  import pandas as pd
2  data = pd.read_excel('订单表.xlsx', sheet_name=3, index_col=0)
3  print(data)
```

第 2 行代码中将参数 index_col 的值设置为 0，表示使用数据表第 1 列的内容作为行标签。读取数据得到的 DataFrame 如图 6-6 所示。

	产品	单位	单价	数量
订单编号				
d001	投影仪	台	400	5
d002	马克笔	盒	60	5
d003	打印机	台	298	1
d004	点钞机	台	349	1
d005	复印纸	箱	50	2
d006	条码打印纸	卷	4	6

图 6-6

（3）**读取指定列**：如果只需要读取数据表中的一部分列，可以通过设置参数 usecols 来实现。该参数的值有 3 种常用格式：第 1 种是字符串，表示要读取的列的列标，如 'A:D'（读取 A 列至 D 列）、'A,D'（读取 A 列和 D 列）、'A,C:E'（读取 A 列、C 列至 E 列）；第 2 种是整数列表，表示要读取的列的序号（从 0 开始计数），如 [0, 1, 3]；第 3 种是字符串列表，表示要读取的列的列名，如 ['产品', '单价', '数量']。演示代码如下：

```
import pandas as pd
```

```
2   data = pd.read_excel('订单表.xlsx', sheet_name=3, usecols=
    [1, 3])
3   print(data)
```

第 2 行代码中将参数 usecols 的值设置为 [1, 3]，表示读取数据表的第 2、4 列。读取数据得到的 Data-Frame 如图 6-7 所示。

	产品	单价
0	投影仪	400
1	马克笔	60
2	打印机	298
3	点钞机	349
4	复印纸	50
5	条码打印纸	4

图 6-7

2. 将数据写入 Excel 工作簿

使用 to_excel() 函数可以将 DataFrame 中的数据写入 Excel 工作簿，演示代码如下：

```
1   import pandas as pd
2   a = [['创意弧形沙发', 103, '棉布', 1650],
3        ['毛毛虫沙发',  216, '绒布', 2580],
4        ['布艺双人沙发', 116, '混纺', 2280],
5        ['华夫格布艺沙发', 141, '复合面料', 1580]]
6   data = pd.DataFrame(a, columns=['产品名称', '型号', '面料',
    '价格'])
7   data.to_excel('家具1.xlsx', sheet_name='沙发')
```

第 2 ~ 6 行代码用于创建一个 DataFrame，效果如图 6-8 所示。

	产品名称	型号	面料	价格
0	创意弧形沙发	103	棉布	1650
1	毛毛虫沙发	216	绒布	2580
2	布艺双人沙发	116	混纺	2280
3	华夫格布艺沙发	141	复合面料	1580

图 6-8

第 7 行代码使用 to_excel() 函数将 DataFrame 中的数据写入工作簿 "家具 1.xlsx" 的工作表 "沙发" 中。第 1 个参数用于指定工作簿的文件路径，这里使用的是相对路径，也可以使用绝对路径。第 2 个参数 sheet_name 用于指定写入数据的工作表名称，如果省略此参数，则默认将工作表命名为 "Sheet1"。

运行以上代码，将在代码文件所在文件夹下生成一个工作簿"家具 1.xlsx"，打开该工作簿，可以看到工作表"沙发"中的数据，如图 6-9 所示。

	A	B	C	D	E	F
1		产品名称	型号	面料	价格	
2	0	创意弧形沙发	103	棉布	1650	
3	1	毛毛虫沙发	216	绒布	2580	
4	2	布艺双人沙发	116	混纺	2280	
5	3	华夫格布艺沙发	141	复合面料	1580	
6						

沙发　⊕

图 6-9

可以看出，to_excel() 函数默认会将行标签写入工作簿。如果不想写入行标签，可以通过设置参数 index 来实现，即将第 7 行代码修改成如下形式：

```
1   data.to_excel('家具2.xlsx', sheet_name='沙发', index=False)
```

修改后的代码将参数 index 的值设置为 False，表示不写入行标签，效果如图 6-10 所示；如果将参数值设置为 True 或省略该参数，则将行标签写入工作表的第 1 列。

	A	B	C	D	E	F
1	产品名称	型号	面料	价格		
2	创意弧形沙发	103	棉布	1650		
3	毛毛虫沙发	216	绒布	2580		
4	布艺双人沙发	116	混纺	2280		
5	华夫格布艺沙发	141	复合面料	1580		
6						

沙发　⊕

图 6-10

3. 读取 CSV 文件中的数据

CSV 文件本质上是一个文本文件，只能存储文本，不能存储格式、公式、宏等，所以占用的存储空间通常较小。CSV 文件一般用逗号分隔不同字段的值，它既可以用文本编辑器（如"记事本"）打开，也可以用 Excel 程序打开。

使用 pandas 模块中的 read_csv() 函数可以读取 CSV 文件中的数据并创建相应的 DataFrame 对象。这里以如图 6-11 所示的 CSV 文件"订单表.csv"为例进行讲解。

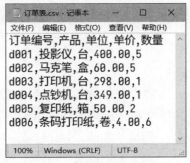

图 6-11

演示代码如下：

```
1    import pandas as pd
2    data = pd.read_csv('订单表.csv', encoding='utf-8')
3    print(data)
```

read_csv() 函数的第 1 个参数用于指定要读取的 CSV 文件的路径，第 2 行代码中使用的是相对路径，也可以使用绝对路径。第 2 个参数 encoding 用于指定 CSV 文件的编码格式，参数值根据实际情况设置，如 'utf-8'、'utf-8-sig'、'gbk' 等。读取数据得到的 DataFrame 如图 6-12 所示。

	订单编号	产品	单位	单价	数量
0	d001	投影仪	台	400.0	5
1	d002	马克笔	盒	60.0	5
2	d003	打印机	台	298.0	1
3	d004	点钞机	台	349.0	1
4	d005	复印纸	箱	50.0	2
5	d006	条码打印纸	卷	4.0	6

图 6-12

如果 CSV 文件中的数据很多，只想读取一部分数据以做初步了解，可以通过设置参数 nrows 来实现。例如，将第 2 行代码修改成如下形式：

```
1    data = pd.read_csv('订单表.csv', encoding='utf-8', nrows=3)
```

修改后的代码将参数 nrows 的值设置为 3，表示读取前 3 行数据，得到的 DataFrame 如图 6-13 所示。

	订单编号	产品	单位	单价	数量
0	d001	投影仪	台	400.0	5
1	d002	马克笔	盒	60.0	5
2	d003	打印机	台	298.0	1

图 6-13

如果只想读取指定列的数据，可以通过设置参数 usecols 来实现。例如，将第 2 行代码修改成如下形式：

```
1    data = pd.read_csv('订单表.csv', encoding='utf-8', usecols=[1, 3])
```

修改后的代码将参数 usecols 的值设置为 [1, 3]，表示读取第 2、4 列数据，得到的 DataFrame 如图 6-14 所示。

	产品	单价
0	投影仪	400.0
1	马克笔	60.0
2	打印机	298.0
3	点钞机	349.0
4	复印纸	50.0
5	条码打印纸	4.0

图 6-14

4. 将数据写入 CSV 文件

使用 to_csv() 函数可以将 DataFrame 中的数据写入 CSV 文件，演示代码如下：

```
1  import pandas as pd
2  a = [['创意弧形沙发', 103, '棉布', 1650],
3       ['毛毛虫沙发',  216, '绒布', 2580],
4       ['布艺双人沙发', 116, '混纺', 2280],
5       ['华夫格布艺沙发', 141, '复合面料', 1580]]
6  data = pd.DataFrame(a, columns=['产品名称', '型号', '面料',
   '价格'])
7  data.to_csv('家具.csv', sep='\t', index=False, encoding=
   'utf-8')
```

第 2 ～ 6 行代码用于创建一个 DataFrame，效果如图 6-8 所示。

第 7 行代码使用 to_csv() 函数将 DataFrame 中的数据写入 CSV 文件 "家具.csv"。第 1 个参数用于指定 CSV 文件的路径，这里使用的是相对路径，也可以使用绝对路径。第 2 个参数 sep 用于指定字段值的分隔符，默认值为英文逗号，这里的 '\t' 表示制表符。第 3 个参数 index 用于指定是否写入行标签，这里的 False 表示不写入行标签。第 4 个参数 encoding 用于指定 CSV 文件的编码格式，一般设置为 'utf-8' 或 'utf-8-sig'。

运行以上代码后，用 "记事本" 打开生成的 CSV 文件 "家具.csv"，效果如图 6-15 所示。

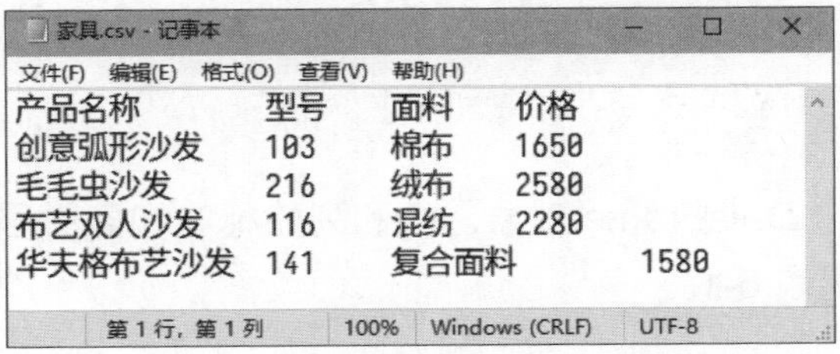

图 6-15

6.4 DataFrame 的常用操作：选取数据

◎ 数据文件：实例文件 \ 06 \ 6.4 \ 订单表.xlsx
◎ 代码文件：实例文件 \ 06 \ 6.4 \ DataFrame的常用操作：选取数据.py

要对 DataFrame 中的数据进行编辑，需要掌握选取数据的操作。先从工作簿中读取一些数据，相应代码如下：

```
1  import pandas as pd
2  data = pd.read_excel('订单表.xlsx', sheet_name=3, index_
   col=0)
3  print(data)
```

读取数据得到的 DataFrame 如图 6-16 所示。下面基于这个 DataFrame 讲解选取数据的方法。

1. 根据标签和索引号选取数据

6.2 节介绍了 DataFrame 的组成结构和创建方法，通过学习这些知识可以知道，DataFrame 的每一行或每一列都有一个标签和一个索引号。其中，标签

		产品	单位	单价	数量
订单编号					
d001	投影仪	台	400	5
d002	马克笔	盒	60	5
d003	打印机	台	298	1
d004	点钞机	台	349	1
d005	复印纸	箱	50	2
d006	条码打印纸	卷	4	6

图 6-16

是可见的标志，值不固定；索引号则是不可见的标志，可以理解成行或列的序号，值固定为从 0 开始的整数序列。根据标签和索引号就可以从 DataFrame 中选取数据。

DataFrame 对象的 loc 属性用于按标签选取数据，iloc 属性用于按索引号选取数据。它们的基本语法格式如下：

```
1  表达式.loc[行标签, 列标签]
2  表达式.iloc[行索引号, 列索引号]
```

表达式是一个 DataFrame 对象，行和列的标签和索引号可以用多种形式给出，具体示例见表 6-1。

表 6-1

选取方式	用标签选取（loc 属性）	用索引号选取（iloc 属性）	选取结果
选取单行	# 选取行标签为 d002 的行（返回 Series） # 行标签设置为单个值 # 列标签设置为 ":", 表示选取所有列, 也可省略 data.loc['d002', :]	# 选取第 2 行（返回 Series） # 行索引号设置为单个值 # 列索引号设置为 ":", 表示选取所有列, 也可省略 data.iloc[1, :]	产品　马克笔 单位　盒 单价　60 数量　5 Name: d002, dtype: object
选取连续的多行	# 选取行标签为 d002 至 d004 的连续多行（返回 DataFrame） # 行标签以类似列表切片的格式给出, 但切片结果同时包含起始值和终止值（左右皆闭） # 列标签设置为 ":", 表示选取所有列, 也可省略 data.loc['d002':'d004', :]	# 选取第 2～4 行（返回 DataFrame） # 行索引号以列表切片的格式给出, 选取结果包含起始值, 不包含终止值（左闭右开） # 列索引号设置为 ":", 表示选取所有列, 也可省略 data.iloc[1:4, :]	订单编号 产品 单位 单价 数量 d002 马克笔 盒 60 5 d003 打印机 台 298 1 d004 点钞机 台 349 1
选取不连续的多行	# 选取行标签为 d002 和 d004 的两行（返回 DataFrame） # 行标签以列表形式给出 # 列标签设置为 ":", 表示选取所有列, 也可省略 data.loc[['d002', 'd004'], :]	# 选取第 2, 4 行（返回 DataFrame） # 行索引号以列表形式给出 # 列索引号设置为 ":", 表示选取所有列, 也可省略 data.iloc[[1, 3], :]	订单编号 产品 单位 单价 数量 d002 马克笔 盒 60 5 d004 点钞机 台 349 1
选取单列	# 选取"产品"列（返回 Series） # 行标签设置为 ":", 表示选取所有行, 不可省略 # 列标签设置为单个值 data.loc[:, '产品']	# 选取第 1 列（返回 Series） # 行索引号设置为 ":", 表示选取所有行, 不可省略 # 列索引号设置为单个值 data.iloc[:, 0]	订单编号 d001　投影仪 d002　马克笔 d003　打印机 d004　点钞机 d005　复印纸 d006　条码打印纸 Name: 产品, dtype: object

续表

选取方式	用标签选取（loc 属性）	用索引号选取（iloc 属性）	选取结果
选取连续的多列	# 选取"产品"列至"单价"列（返回 DataFrame） # 行标签设置为"："，表示选取所有行，不可省略 # 列标签以类似列表切片的格式给出，但选取结果同时包含起始值和终止值（左右皆闭） data.loc[:, '产品':'单价']	# 选取第 1～3 列（返回 DataFrame） # 行索引号设置为"："，表示选取所有行，不可省略 # 列索引号以列表切片的格式给出，选取结果包含起始值，不包含终止值（左闭右开） data.iloc[:, 0:3]	订单编号 / 产品 / 单位 / 单价 d001 / 投影仪 / 台 / 400 d002 / 马克笔 / 盒 / 60 d003 / 打印机 / 台 / 298 d004 / 点钞机 / 台 / 349 d005 / 复印纸 / 箱 / 50 d006 / 条码打印纸 / 卷 / 4
选取不连续的多列	# 选取"产品""数量""单位"这 3 列（返回 DataFrame） # 行标签设置为"："，表示选取所有行，不可省略 # 列标签以列表形式给出 data.loc[:, ['产品', '数量', '单位']]	# 选取第 1、4、2 列（返回 DataFrame） # 行索引号设置为"："，表示选取所有行，不可省略 # 列索引号以列表形式给出 data.iloc[:, [0, 3, 1]]	订单编号 / 产品 / 数量 / 单位 d001 / 投影仪 / 5 / 台 d002 / 马克笔 / 5 / 盒 d003 / 打印机 / 1 / 台 d004 / 点钞机 / 1 / 台 d005 / 复印纸 / 2 / 箱 d006 / 条码打印纸 / 6 / 卷
选取区块（同时选取部分行和部分列）	# 选取行标签为 d002 至 d004 的连续多行中的"产品""数量""单位"这 3 列（返回 DataFrame） # 可参照行中的其他示例修改成其他选取方式 data.loc['d002':'d004', ['产品', '数量', '单位']]	# 选取第 2～4 行中的第 1、4、2 列（返回 DataFrame） # 可参照表中的其他示例修改成其他选取方式 data.iloc[1:4, [0, 3, 1]]	订单编号 / 产品 / 数量 / 单位 d002 / 马克笔 / 5 / 盒 d003 / 打印机 / 1 / 台 d004 / 点钞机 / 1 / 台

2. 快捷选取行数据

使用 DataFrame 对象的 head() / tail() 函数可以选取前 / 后 *n* 行数据，演示代码如下：

```
1  print(data.head(3))
2  print(data.tail(3))
```

第 1 行代码使用 head() 函数选取前 3 行数据，第 2 行代码使用 tail() 函数选取后 3 行数据，选取结果分别如图 6-17 和图 6-18 所示。如果省略这两个函数括号中的数字，则默认选取 5 行。

	产品	单位	单价	数量
订单编号				
d001	投影仪	台	400	5
d002	马克笔	盒	60	5
d003	打印机	台	298	1

图 6-17

	产品	单位	单价	数量
订单编号				
d004	点钞机	台	349	1
d005	复印纸	箱	50	2
d006	条码打印纸	卷	4	6

图 6-18

3. 快捷选取列数据

使用 "[]" 操作符可以按列标签快捷选取列数据，演示代码如下：

```
1  print(data['产品'])
2  print(data[['产品', '数量', '单位']])
```

第 1 行代码表示选取 "产品" 列，返回的是 Series。第 2 行代码表示选取 "产品" "数量" "单位" 这 3 列，返回的是 DataFrame。选取结果分别如图 6-19 和图 6-20 所示。

```
订单编号
d001      投影仪
d002      马克笔
d003      打印机
d004      点钞机
d005      复印纸
d006      条码打印纸
Name: 产品, dtype: object
```

图 6-19

	产品	数量	单位
订单编号			
d001	投影仪	5	台
d002	马克笔	5	盒
d003	打印机	1	台
d004	点钞机	1	台
d005	复印纸	2	箱
d006	条码打印纸	6	卷

图 6-20

6.5   DataFrame 的常用操作：数据的运算、排序和筛选

◎ 数据文件：实例文件 \ 06 \ 6.5 \ 成绩表.xlsx
◎ 代码文件：实例文件 \ 06 \ 6.5 \ DataFrame的常用操作：数据运算、排序和筛选.py

本节将讲解如何使用 pandas 模块高效地完成数据处理中的运算、筛选、排序等基本操作。

1. 数据的运算

这里所说的运算是指数据处理中常见的求和、求平均值、求最小值 / 最大值等统计分析操作。pandas 模块提供了许多统计函数，能够帮助用户轻松地完成常见的运算操作，下面通过实例进行讲解。

先从工作簿中读取一些数据，相应代码如下：

```
1    import pandas as pd
2    data = pd.read_excel('成绩表.xlsx', sheet_name=0, index_
     col='学号')
3    print(data)
```

读取数据得到的 DataFrame 如图 6-21 所示。

学号	语文	数学	英语	物理	化学	政治	历史	地理	生物
C101	93	92	99	86	99	79	88	78	87
C102	75	79	83	89	85	86	71	94	85
C103	91	78	100	95	80	76	83	67	86
C104	84	79	77	86	100	65	88	98	88
C105	82	88	98	97	98	61	93	75	64

图 6-21

pandas 模块中的大部分统计函数都能对 Series（通常为从 DataFrame 中选取的一行或一列）和 DataFrame 中的数据进行统计。对 DataFrame 进行统计时，可通过参数 axis 控制计算方向。该参数的默认值为 0，表示在列方向上进行统计，设置成 1 时则表示在行方向上进行统计。以求平均值的 mean() 函数为例，演示代码如下：

```
1    a = data.mean()
2    b = data.mean(axis=1)
3    print(a)
4    print(b)
```

　　第 1 行代码表示对 data 中的各列数据求平均值，即计算各个学科的平均分。第 2 行代码表示对 data 中的各行数据求平均值，即计算各个学生的平均分。运行代码后，变量 a 和 b 中的统计结果分别如图 6-22 和图 6-23 所示。

```
语文      85.0
数学      83.2
英语      91.4
物理      90.6
化学      92.4
政治      73.4
历史      84.6
地理      82.4
生物      82.0
dtype: float64
```

图 6-22

```
学号
C101    89.0
C102    83.0
C103    84.0
C104    85.0
C105    84.0
dtype: float64
```

图 6-23

计算各个学生的总分和平均分，并添加到 data 中。演示代码如下：

```
1    data['总分'] = data.iloc[:, 0:9].sum(axis=1)
2    data['平均分'] = data.iloc[:, 0:9].mean(axis=1)
3    print(data)
```

　　第 1 行代码先用 iloc 属性从 data 中选取第 1 ～ 9 列数据，然后用 sum() 函数对选取的数据按列求和，再将统计结果添加到 data 中作为新的列，列名为"总分"。第 2 行代码也是类似的含义，只是统计方式为用 mean() 函数求平均值，添加的新列名称为"平均分"。运行代码后，变量 data 中的 DataFrame 如图 6-24 所示。

学号	语文	数学	英语	物理	化学	政治	历史	地理	生物	总分	平均分
C101	93	92	99	86	99	79	88	78	87	801	89.0
C102	75	79	83	89	85	86	71	94	85	747	83.0
C103	91	78	100	95	80	76	83	67	86	756	84.0
C104	84	79	77	86	100	65	88	98	88	765	85.0
C105	82	88	98	97	98	61	93	75	64	756	84.0

图 6-24

获得各个学生的总分后，计算总分的最大值和最小值。演示代码如下：

```
1   print(data['总分'].max(), data['总分'].min())
```

代码运行结果如下：

```
1   801 747
```

为了观察总分的分布情况，继续计算总分的标准分（Z-score），计算公式如下：

$$标准分 = \frac{总分 - 总分的平均值}{总分的标准差}$$

演示代码如下：

```
1   data['标准分'] = (data['总分'] - data['总分'].mean()) /
    data['总分'].std(ddof=0)
2   print(data)
```

第 1 行代码根据计算公式结合使用多种 Python 运算符和 pandas 统计函数计算出标准分。其中标准差使用 std() 函数进行计算，参数 ddof 设置为 0，表示计算总体标准差，如果设置为 1，则表示计算样本标准差。

运行代码后，变量 data 中的 DataFrame 如图 6-25 所示。

学号	语文	数学	英语	物理	化学	政治	历史	地理	生物	总分	平均分	标准分
C101	93	92	99	86	99	79	88	78	87	801	89.0	1.906925
C102	75	79	83	89	85	86	71	94	85	747	83.0	-0.953463
C103	91	78	100	95	80	76	83	67	86	756	84.0	-0.476731
C104	84	79	77	86	100	65	88	98	88	765	85.0	0.000000
C105	82	88	98	97	98	61	93	75	64	756	84.0	-0.476731

图 6-25

从上面的演示可以看出，借助 pandas 模块可以快捷而高效地完成数据的批量运算，不需要构造循环，相关代码也很简洁、易懂。

2. 数据的排序

数据的排序主要使用的是 DataFrame 对象的 sort_values() 函数。该函数的常用参数有两个：一个是 by，用于指定要排序的列；另一个是 ascending，用于设置排序方式，设置为 True 表示升序，设置为 False 则表示降序。演示代码如下：

```
1   s = data.sort_values(by='总分', ascending=False)
2   print(s)
```

第 1 行代码表示对变量 data 中的 DataFrame 按照"总分"列进行降序排列，并将排序后的 DataFrame 赋给变量 s。排序结果如图 6-26 所示。

学号	语文	数学	英语	物理	化学	政治	历史	地理	生物	总分	平均分	标准分
C101	93	92	99	86	99	79	88	78	87	801	89.0	1.906925
C104	84	79	77	86	100	65	88	98	88	765	85.0	0.000000
C103	91	78	100	95	80	76	83	67	86	756	84.0	-0.476731
C105	82	88	98	97	98	61	93	75	64	756	84.0	-0.476731
C102	75	79	83	89	85	86	71	94	85	747	83.0	-0.953463

图 6-26

3. 数据的筛选

使用 DataFrame 对象的 query() 函数可以根据指定条件筛选数据，演示代码如下：

```
1   q1 = data.query('平均分 >= 85')
2   q2 = data.query('(语文 >= 80) & (英语 >= 80)')
3   print(q1)
4   print(q2)
```

第 1 行代码进行的是单条件筛选，表示筛选出"平均分"列的值大于或等于 85 的数据。筛选结果如图 6-27 所示。

学号	语文	数学	英语	物理	化学	政治	历史	地理	生物	总分	平均分	标准分
C101	93	92	99	86	99	79	88	78	87	801	89.0	1.906925
C104	84	79	77	86	100	65	88	98	88	765	85.0	0.000000

图 6-27

第 2 行代码进行的是多条件筛选，表示筛选出"语文"列和"英语"列的

值均大于或等于 80 的数据，筛选结果如图 6-28 所示。各个筛选条件要分别用括号括起来，筛选条件之间的运算符 "&" 代表 "逻辑与"。此外，可以用运算符 "|" 表示 "逻辑或"，用运算符 "~" 表示 "逻辑非"。

学号	语文	数学	英语	物理	化学	政治	历史	地理	生物	总分	平均分	标准分
C101	93	92	99	86	99	79	88	78	87	801	89.0	1.906925
C103	91	78	100	95	80	76	83	67	86	756	84.0	-0.476731
C105	82	88	98	97	98	61	93	75	64	756	84.0	-0.476731

图 6-28

另一种筛选数据的常用语法格式是使用 "[ ]" 操作符。例如，第 1、2 行代码可以修改成如下形式：

```
1   q1 = data[data['平均分'] >= 85]
2   q2 = data[(data['语文'] >= 80) & (data['英语'] >= 80)]
```

6.6 爬虫数据清洗：处理缺失值和重复值

◎ 素材文件：实例文件 \ 06 \ 6.6 \ 销售表1.xlsx、销售表2.xlsx
◎ 代码文件：实例文件 \ 06 \ 6.6 \ 处理缺失值.py、处理重复值.py

用爬虫程序从网页上爬取的数据常常会存在质量问题，给后续的数据分析造成一定的困难。数据清洗是以提高数据质量为目的而进行的数据预处理操作。本节将讲解如何在清洗数据时处理缺失值和重复值。

1. 处理缺失值

数据采集过程中可能会有数据缺失、损坏或未记录的情况，导致数据表中出现空白或未定义的数值或标记，称为缺失值。在 pandas 模块中，缺失值表示为 NaN（Not a Number，对于数值型数据）和 NaT（Not a Timestamp，对于日期和时间型数据）。

（1）**检测缺失值**：先从 Excel 工作簿中读取数据，演示代码如下：

```
1   import pandas as pd
```

```
2    data = pd.read_excel('销售表1.xlsx', sheet_name=0)
3    print(data)
```

代码运行结果如图 6-29 所示，可以看到数据中存在缺失值 NaN。

	订单号	产品	成本价	销售价	销售数量
0	a001	背包	16.0	69.98	60
1	a002	钱包	90.0	188.98	50
2	a003	背包	NaN	69.98	23
3	a004	钱包	90.0	188.98	78
4	a005	单肩包	58.0	NaN	63
5	a006	单肩包	58.0	124.98	58

图 6-29

如果要统计每一列的缺失值情况，可以结合使用 isna() 函数和 sum() 函数，演示代码如下：

```
1    print(data.isna().sum())
```

这行代码先用 isna() 函数将 DataFrame 中的缺失值和非缺失值分别标记为 True 和 False，然后用 sum() 函数对标记结果按列求和，运算过程中 True 和 False 分别被视为 1 和 0。代码运行结果如下，可以看到，"成本价" 列和 "销售价" 列中各有 1 个缺失值。

```
1    订单号       0
2    产品        0
3    成本价       1
4    销售价       1
5    销售数量      0
6    dtype: int64
```

（2）**删除缺失值**：缺失值的常见处理方式是删除和填充，先来介绍缺失值的删除。使用 dropna() 函数可以删除含有缺失值的行，演示代码如下：

```
1    data1 = data.dropna(how='any')
```

```
2    print(data1)
```

第 1 行代码中将 dropna() 函数的
参数 how 设置成 'any'，表示只要一
行中含有缺失值，就将该行删除，删
除结果如图 6-30 所示。参数 how 的
另一个值是 'all'，表示只删除所有值
都缺失的行。

	订单号	产品	成本价	销售价	销售数量
0	a001	背包	16.0	69.98	60
1	a002	钱包	90.0	188.98	50
3	a004	钱包	90.0	188.98	78
5	a006	单肩包	58.0	124.98	58

图 6-30

　　dropna() 函数还有一个常用参数 thresh，它的值是一个整数，相当于一个
门槛值，只有当一行中的非缺失值数量达到或超过这个门槛值时，该行才会被
保留，否则将被删除。

提　示

参数 how 和 thresh 是互斥的，不可同时给出。

　　（3）**填充缺失值**：缺失值的填充方式有多种，选择哪种填充方式取决于数
据类型、问题的性质和数据分析的目标。一种常用的填充方式是将所有缺失值
替换为指定的值，主要使用的是 fillna() 函数。演示代码如下：

```
1    data2 = data.fillna(value=0)
2    print(data2)
```

第 1 行代码表示将 DataFrame
中所有的缺失值都填充为 0，填充结
果如图 6-31 所示。

　　如果要为不同列中的缺失值设置
不同的填充值，可以将 fillna() 函数的
参数 value 设置成一个字典。演示代
码如下：

	订单号	产品	成本价	销售价	销售数量
0	a001	背包	16.0	69.98	60
1	a002	钱包	90.0	188.98	50
2	a003	背包	0.0	69.98	23
3	a004	钱包	90.0	188.98	78
4	a005	单肩包	58.0	0.00	63
5	a006	单肩包	58.0	124.98	58

图 6-31

```
1    data3 = data.fillna(value={'成本价': 16.0, '销售价': 124.98})
2    print(data3)
```

第 1 行代码表示将"成本价"列中的缺失值填充为 16.0，将"销售价"列中的缺失值填充为 124.98，填充结果如图 6-32 所示。

	订单号	产品	成本价	销售价	销售数量
0	a001	背包	16.0	69.98	60
1	a002	钱包	90.0	188.98	50
2	a003	背包	16.0	69.98	23
3	a004	钱包	90.0	188.98	78
4	a005	单肩包	58.0	124.98	63
5	a006	单肩包	58.0	124.98	58

图 6-32

另一种常用的填充方式是用数据中的有效值来填充缺失值。这种填充方式又根据填充的方向细分为前向填充（用缺失值前面的有效值来填充缺失值）和后向填充（用缺失值后面的有效值来填充缺失值），在 pandas 模块中分别对应 ffill() 函数和 bfill() 函数。这里以 ffill() 函数为例进行讲解，演示代码如下：

```
1  data4 = data.sort_values(by=['产品', '成本价', '销售价'], as-
   cending=True, na_position='last').ffill()
2  print(data4)
```

第 1 行代码先用 sort_values() 函数按"产品"列、"成本价"列和"销售价"列对数据进行升序排列，其中将参数 na_position 设置为 'last'，表示将缺失值排在最后面，为前向填充做好准备，排序结果如图 6-33 所示；然后用 ffill() 函数对缺失值进行前向填充，即用缺失值上方行中的有效值来替代缺失值，填充结果如图 6-34 所示。

如果要将上述代码改成后向填充，则在排序时要将参数 na_position 设置为 'first'，以将缺失值排在最前面。

	订单号	产品	成本价	销售价	销售数量
5	a006	单肩包	58.0	124.98	58
4	a005	单肩包	58.0	NaN	63
0	a001	背包	16.0	69.98	60
2	a003	背包	NaN	69.98	23
1	a002	钱包	90.0	188.98	50
3	a004	钱包	90.0	188.98	78

图 6-33

	订单号	产品	成本价	销售价	销售数量
5	a006	单肩包	58.0	124.98	58
4	a005	单肩包	58.0	124.98	63
0	a001	背包	16.0	69.98	60
2	a003	背包	16.0	69.98	23
1	a002	钱包	90.0	188.98	50
3	a004	钱包	90.0	188.98	78

图 6-34

2. 处理重复值

这里所说的重复值是指重复的行数据。

（1）**检测重复值**：先从 Excel 工作簿中读取数据，演示代码如下：

```
1    import pandas as pd
2    data = pd.read_excel('销售表2.xlsx', sheet_name=0)
3    print(data)
```

代码运行结果如图 6-35 所示，可以看到第 3、4 行数据的值是完全相同的。

	订单号	产品	成本价	销售价	销售数量
0	a001	背包	16	69.98	60
1	a002	钱包	90	188.98	50
2	a003	背包	16	69.98	23
3	a003	背包	16	69.98	23
4	a004	钱包	90	188.98	78
5	a005	单肩包	58	124.98	63

图 6-35

使用 duplicated() 函数可以将 DataFrame 中的重复行和非重复行分别标记为 True 和 False。该函数默认将所有列的值均相同的行判定为重复行，如果只有部分列的值相同就可判定为重复行，可以通过参数 subset 指定列标签，单列的列标签用字符串给出，多列的列标签用列表形式给出。

如果要统计重复行的数量，可以结合使用 duplicated() 函数和 sum() 函数，演示代码如下：

```
1    print(data.duplicated().sum())
2    print(data.duplicated(subset=['产品', '成本价']).sum())
```

第 1 行代码用于统计所有列的值均相同的重复行的数量，第 2 行代码用于统计"产品"列和"成本价"列的值相同的重复行的数量。代码运行结果如下：

```
1    1
2    3
```

（2）**删除重复行**：使用 drop_duplicates() 函数可以删除重复行，该函数有两个常用参数：subset，用于指定作为判定重复依据的列，默认为所有列；keep，用于指定删除的方式，设置为 'first' 或省略该参数表示保留第一次出现的重复行并删除其他重复行，设置为 'last' 表示保留最后一次出现的重复行并删除其他重复行，设置为 False 表示一个不留地删除所有重复行。演示代码如下：

```
1  data1 = data.drop_duplicates(keep='first')
2  print(data1)
3  data2 = data.drop_duplicates(subset=['产品', '成本价'], keep=
   'last')
4  print(data2)
5  data3 = data.drop_duplicates(subset='产品', keep=False)
6  print(data3)
```

代码运行结果分别如图 6-36、图 6-37、图 6-38 所示。

	订单号	产品	成本价	销售价	销售数量
0	a001	背包	16	69.98	60
1	a002	钱包	90	188.98	50
2	a003	背包	16	69.98	23
4	a004	钱包	90	188.98	78
5	a005	单肩包	58	124.98	63

图 6-36

	订单号	产品	成本价	销售价	销售数量
3	a003	背包	16	69.98	23
4	a004	钱包	90	188.98	78
5	a005	单肩包	58	124.98	63

图 6-37

	订单号	产品	成本价	销售价	销售数量
5	a005	单肩包	58	124.98	63

图 6-38

（3）**获取唯一值**：使用 unique() 函数可以获取某列数据的唯一值，演示代码如下：

```
1   unique_values = data['产品'].unique()
2   print(unique_values)
```

第 1 行代码表示获取"产品"列数据的唯一值。代码运行结果如下：

```
1   ['背包' '钱包' '单肩包']
```

6.7 爬虫数据清洗：删除无用的字符

◎ 素材文件：实例文件 \ 06 \ 6.7 \ 图书数据.xlsx
◎ 代码文件：实例文件 \ 06 \ 6.7 \ 爬虫数据清洗：删除无用的字符.py

用爬虫程序从网页上爬取的数据中经常夹杂着 HTML 标签、空格、换行等多余的字符，在数据清洗的过程中，可以使用 pandas 模块提供的 replace() 函数、strip() 函数等字符串处理函数将这类字符删除。

先从 Excel 工作簿中读取数据，演示代码如下：

```
1   import pandas as pd
2   data = pd.read_excel('图书数据.xlsx', sheet_name=0)
3   print(data)
```

代码运行结果如图 6-39 所示，可以看到"书名"列中存在""和""等 HTML 标签，"出版时间"列中存在空格和斜杠"/"，这些字符都是多余的，需要删除。

	书名	出版时间	销售价
0	利用Python进行数据分析	2018-7-30 /	65.5
1	时间序列预测：基于机器学习和Python实现	2022-7-19 /	49.0
2	非常容易：Python+Office市场营销办公自动化	2022-4-15 /	57.6
3	数据分析原理与实践：基于经典算法及Python编程实现	2022-7-29 /	49.4
4	Python之光：Python编程入门与实战	2023-7-12 /	54.5

图 6-39

先来处理"书名"列中的多余字符，演示代码如下：

```
1   data['书名'] = data['书名'].str.replace(pat='<.*?>',
    repl='', regex=True)
2   print(data)
```

第 1 行代码表示使用正则表达式 "<.*?>" 查找 "书名" 列中的 HTML 标签并将找到的 HTML 标签删除。其中的 str 是 Series 对象的属性，是调用字符串处理函数的入口。replace() 函数用于在字符串中进行查找和替换，参数 pat 和 repl 分别代表查找内容和替换内容，参数 regex 用于控制将参数 pat 的值视为正则表达式或普通字符串。这里将参数 pat 设置为可以匹配 HTML 标签的正则表达式 '<.*?>'；将参数 repl 设置为空字符串，表示将查找到的内容删除；将参数 regex 设置为 True，表示将参数 pat 的值视为正则表达式。代码运行结果如图 6-40 所示。

	书名	出版时间	销售价
0	利用Python进行数据分析	2018-7-30　/	65.5
1	时间序列预测：基于机器学习和Python实现	2022-7-19　/	49.0
2	非常容易：Python+Office市场营销办公自动化	2022-4-15　/	57.6
3	数据分析原理与实践：基于经典算法及Python编程实现	2022-7-29　/	49.4
4	Python之光：Python编程入门与实战	2023-7-12　/	54.5

图 6-40

接着处理 "出版时间" 列中的多余字符，演示代码如下：

```
1   data['出版时间'] = data['出版时间'].str.replace(pat='/',
    repl='', regex=False)
2   data['出版时间'] = data['出版时间'].str.strip()
3   print(data)
```

第 1 行代码表示在 "出版时间" 列中查找字符 "/" 并将其删除。其中 replace() 函数的参数 regex 设置为 False，表示将参数 pat 的值视为普通字符串。

第 2 行代码使用 strip() 函数删除 "出版时间" 列中各个字符串首尾的空白字符，包括空格、换行符、回车符、制表符等。

代码运行结果如图 6-41 所示。可以看到，经过上述处理后，成功地删除了所有的无用字符。

	书名	出版时间	销售价
0	利用Python进行数据分析	2018-7-30	65.5
1	时间序列预测：基于机器学习和Python实现	2022-7-19	49.0
2	非常容易：Python+Office市场营销办公自动化	2022-4-15	57.6
3	数据分析原理与实践：基于经典算法及Python编程实现	2022-7-29	49.4
4	Python之光：Python编程入门与实战	2023-7-12	54.5

图 6-41

6.8 爬虫数据清洗：转换数据类型

◎ 素材文件：实例文件 \ 06 \ 6.8 \ 商品销量统计.xlsx
◎ 代码文件：实例文件 \ 06 \ 6.8 \ 爬虫数据清洗：转换数据类型.py

不同的数据分析和处理任务通常需要不同类型的数据，因此，数据类型的转换是爬虫数据清洗中至关重要的一环。此外，将数据转换为标准数据类型可以提高数据的可移植性，为将数据存储到数据库中或在不同系统之间进行数据交换打好基础。

先从 Excel 工作簿中读取数据，演示代码如下：

```
1  import pandas as pd
2  data = pd.read_excel('商品销量统计.xlsx')
3  print(data)
```

代码运行结果如图 6-42 所示。

	商品名	上架时间	货号	单价	销量
0	马克杯陶瓷可爱杯子带盖水杯伴手礼	20230608	B-660	29.8	2.5万
1	轻奢高级感西餐餐盘家用深盘	20230621	A-254	19.8	1.2万
2	北欧碗碟餐具套装碗盘家用新款	20230618	TZ-134	108.8	4600
3	双耳陶瓷烤盘长方形微波炉烤箱专用	20230622	W-398	19.8	1.6万
4	双耳汤碗家用新款陶瓷大碗拉面碗	20230614	W-281	32.8	1200

图 6-42

1. 查看数据类型

读取数据后，可以通过 DataFrame 对象的 dtypes 属性查看各列的数据类型，演示代码如下：

```
1    print(data.dtypes)
```

代码运行结果如下。可以看到，"上架时间"列的数据类型为 int64（整型数字），"单价"列的数据类型为 float64（浮点型数字），其余列的数据类型都是 object（可能是字符串，也可能是字符串和其他数据类型的混合）。为便于进行后续的数据处理和分析，需要将"销量"列的数据类型转换成整型数字，将"上架时间"列的数据类型转换成日期和时间。

```
1    商品名          object
2    上架时间         int64
3    货号           object
4    单价           float64
5    销量           object
6    dtype: object
```

2. 数字与字符串的转换

"销量"列中的数据既有字符串（如"2.5 万"），也有数字（如 4600）。现在需要实现的转换效果是将格式类似"2.5 万"的字符串转换成整型数字 25000，转换的思路为：先将"万"替换成"e4"，如"2.5 万"会被处理成"2.5e4"，这是用科学计数法书写的 25000，相当于 2.5×10^4；然后用 eval() 函数处理"2.5e4"，该函数会将字符串当成表达式进行运算并返回运算结果，得到浮点型数字 25000.0；最后将浮点型数字 25000.0 转换成整型数字 25000。

先将"销量"列的数据类型转换成字符串，以便批量进行查找和替换，演示代码如下：

```
1    data['销量'] = data['销量'].astype(dtype='string')
2    print(data['销量'].dtype)
```

第 1 行代码使用 astype() 函数转换"销量"列的数据类型。该函数只有一个常用参数 dtype，用于指定要转换成的数据类型，这里给出的参数值 'string' 代表字符串。

第 2 行代码用 dtype 属性查看转换后"销量"列的数据类型。

代码运行结果如下，可以看到，成功地将"销量"列中的数据转换为字符串。

```
1    string
```

接下来将"销量"列中的"万"替换成"e4"，并用 eval() 函数进行处理，最后将数据类型转换成整型数字。演示代码如下：

```
1    data['销量'] = data['销量'].str.replace(pat='万', repl=
     'e4', regex=False).apply(func=eval)
2    data['销量'] = data['销量'].astype(dtype='int')
3    print(data)
4    print(data['销量'].dtype)
```

第 1 行代码先用 replace() 函数将"万"替换成"e4"，然后用 apply() 函数对列中的每个值应用 eval() 函数，将字符串转换成相应的数字。

第 2 行代码使用 astype() 函数将"销量"列的数据类型转换成整型数字。

第 3 行代码用于输出处理后的 DataFrame，运行结果如图 6-43 所示。可以看到，"销量"列的数据全部变为整型数字的形式。

	商品名	上架时间	货号	单价	销量
0	马克杯陶瓷可爱杯子带盖水杯伴手礼	20230608	B-660	29.8	25000
1	轻奢高级感西餐餐盘家用深盘	20230621	A-254	19.8	12000
2	北欧碗碟餐具套装碗盘家用新款	20230618	TZ-134	108.8	4600
3	双耳陶瓷烤盘长方形微波炉烤箱专用	20230622	W-398	19.8	16000
4	双耳汤碗家用新款陶瓷大碗拉面碗	20230614	W-281	32.8	1200

图 6-43

第 4 行代码用于输出"销量"列的数据类型，运行结果如下，说明该列的数据类型的确已经是整型数字。

```
1    int32
```

3. 日期格式的转换

"上架时间"列中的数据在读取时被解析成整型数字，可以使用 pandas 模块中的 to_datetime() 函数将其转换成日期和时间型数据。演示代码如下：

```
1   data['上架时间'] = pd.to_datetime(arg=data['上架时间'], format=
    '%Y%m%d')
2   print(data)
3   print(data['上架时间'].dtype)
```

第 1 行代码中使用的 to_datetime() 函数的常用参数有两个：一个是 arg，用于指定需要转换的数据，可以是数字、字符串、列表、元组、Series 等；另一个是 format，用于指定按什么样的格式去解析参数 arg 的值，这里给出的参数值 '%Y%m%d' 表示按"年月日"的格式进行解析。

第 2 行代码用于输出处理后的 DataFrame，运行结果如图 6-44 所示。可以看到，"上架时间"列的数据全部显示为标准的日期格式。

	商品名	上架时间	货号	单价	销量
0	马克杯陶瓷可爱杯子带盖水杯伴手礼	2023-06-08	B-660	29.8	25000
1	轻奢高级感西餐餐盘家用深盘	2023-06-21	A-254	19.8	12000
2	北欧碗碟餐具套装碗盘家用新款	2023-06-18	TZ-134	108.8	4600
3	双耳陶瓷烤盘长方形微波炉烤箱专用	2023-06-22	W-398	19.8	16000
4	双耳汤碗家用新款陶瓷大碗拉面碗	2023-06-14	W-281	32.8	1200

图 6-44

第 3 行代码用于输出"上架时间"列的数据类型，运行结果如下，说明该列的数据类型的确已经是日期和时间。

```
1   datetime64[ns]
```

> **提　示**
>
> 关于参数 format 的日期和时间格式代码的完整介绍，可以阅读 Python 官方文档（https://docs.python.org/zh-cn/3.11/library/datetime.html#strftime-and-strptime-behavior）。

6.9 爬虫数据清洗: 补全数据

◎ 素材文件: 实例文件 \ 06 \ 6.9 \ 股票信息表.xlsx
◎ 代码文件: 实例文件 \ 06 \ 6.9 \ 爬虫数据清洗: 补全数据.py

爬虫程序所采集的原始数据常常会出现一些格式不规范的情况, 如股票代码位数不足或网址缺少前缀等。本节就来讲解如何对这类数据进行补全。

先从 Excel 工作簿中读取数据, 演示代码如下:

```
1    import pandas as pd
2    data = pd.read_excel('股票信息表.xlsx', sheet_name=0)
3    print(data)
```

代码运行结果如图 6-45 所示。可以看到, "股票代码"列中的部分股票代码不足 6 位, "利润表"列中的网址均缺少前缀。

	股票代码	股票简称	利润表
0	688152	麒麟信安	/bbsj/lrb/688152.html
1	638	万方发展	/bbsj/lrb/000638.html
2	838	财信发展	/bbsj/lrb/000838.html
3	688409	富创精密	/bbsj/lrb/688409.html
4	2396	星网锐捷	/bbsj/lrb/002396.html

图 6-45

1. 补全股票代码

"股票代码"列的数据补全方式是在不足 6 位的股票代码前端填充适当数量的 0, 演示代码如下:

```
1    data['股票代码'] = data['股票代码'].astype(dtype='string')
2    data['股票代码'] = data['股票代码'].str.zfill(width=6)
3    print(data)
```

第 1 行代码使用 astype() 函数将 "股票代码" 列的数据类型转换为字符串。

第 2 行代码使用 zfill() 函数在 "股票代码" 列的数据前端填充字符 0, 直到其长度达到 6。该函数只有一个参数 width, 用于指定填充后字符串的长度。如果原始字符串长度小于 width, 则在字符串前端填充 0, 直到字符串长度达到 width。如果原始字符串长度大于或等于 width, 则直接返回原始字符串。

补全股票代码的效果如图 6-46 所示。

	股票代码	股票简称	利润表
0	688152	麒麟信安	/bbsj/lrb/688152.html
1	000638	万方发展	/bbsj/lrb/000638.html
2	000838	财信发展	/bbsj/lrb/000838.html
3	688409	富创精密	/bbsj/lrb/688409.html
4	002396	星网锐捷	/bbsj/lrb/002396.html

图 6-46

2. 补全网址

"利润表"列中的网址缺少前缀"https://data.eastmoney.com"，可以通过拼接字符串的方式进行补全。演示代码如下：

```
1  data['利润表'] = 'https://data.eastmoney.com' + data['利润表']
2  print(data)
```

补全网址的效果如图 6-47 所示。

	股票代码	股票简称	利润表
0	688152	麒麟信安	https://data.eastmoney.com/bbsj/lrb/688152.html
1	000638	万方发展	https://data.eastmoney.com/bbsj/lrb/000638.html
2	000838	财信发展	https://data.eastmoney.com/bbsj/lrb/000838.html
3	688409	富创精密	https://data.eastmoney.com/bbsj/lrb/688409.html
4	002396	星网锐捷	https://data.eastmoney.com/bbsj/lrb/002396.html

图 6-47

6.10 爬虫数据分析与可视化

◎ 素材文件：实例文件 \ 06 \ 6.10 \ 用户评价.xlsx、stopwords.txt
◎ 代码文件：实例文件 \ 06 \ 6.10 \ 爬虫数据分析与可视化.py

为了让爬虫数据得到有效的利用，可以对数据进行分析和可视化展现，以挖掘数据背后的规律和隐含的信息。本节将对从某电商网站爬取的一款商品的用户评价进行分析与可视化，主要过程是先对评价内容进行分词，然后对分词结果进行停用词过滤和词频统计，再根据词频绘制词云图，直观地展示用户对该商品的印象。

1. 读取数据

先从工作簿中读取数据，相应代码如下：

```
1   import pandas as pd
2   data = pd.read_excel('用户评价.xlsx', sheet_name=0)
3   print(data.head())
```

第 3 行代码使用 head() 函数输出数据的前 5 行，以便预览读取效果。代码运行结果如图 6-48 所示。

	评价内容	评价类型
0	外观时尚，高端大气上档次，手感很好，很结实。三脚架很稳，防抖效果让人放心，适配主流大品牌的相...	好评
1	宝贝质量很好，架子很稳定，操作也很便捷，设计非常合理，相机和架子完美融合，升降卡扣都很牢固，...	好评
2	外观还可以，看着挺结实的。防抖效果非常好，支撑稳定，风吹着一点晃动都没有。可以装手机和相机，...	好评
3	这款三脚架非常稳固，上面架单反＋长焦镜头完全没问题，只要地面是平整的就可以非常稳固地支撑。推...	好评
4	这是我第二次购买这款支架了，绝对是性价比超高，价格实惠，做工扎实，主流单反三脚架的功能都有，...	好评

图 6-48

2. 对评价内容进行分词

接着需要对评价内容进行分词，即将一段文本切分成一个个单独的词，为统计词频做准备。英文的行文以空格作为单词之间的分界符，分词难度较低；中文的行文没有形式上的分界符，分词难度要高得多。这里利用中文分词模块 jieba 来完成分词任务，该模块的安装命令为"pip install jieba"。

安装好 jieba 模块，先尝试对一条评价的内容进行中文分词。相应代码如下：

```
1   import jieba
2   words = jieba.cut(data.iloc[3, 0])
3   result = '/'.join(words)
4   print(result)
```

第 1 行代码用于导入 jieba 模块。

第 2 行代码使用 jieba 模块中的 cut() 函数对指定的文本进行分词，并将结果赋给变量 words。其中的 data.iloc[3, 0] 表示提取第 4 行、第 1 列的值，即

第 4 条评价的内容。

cut() 函数返回的分词结果是一个生成器。生成器和列表很相似，但是不能直接用 print() 函数输出生成器的内容。这里在第 3 行代码中使用 join() 函数将分词结果用 "/" 号连接起来，以便进行输出。

代码运行结果如下，可以看到成功地完成了所选评价内容的分词。

```
1   这/款/三脚架/非常/稳固/，/上面/架/单反/＋/长焦/镜头/完全/没/问
    题/，/只要/地面/是/平整/的/就/可以/非常/稳固/地/支撑/。/推荐/
    使用/单反/和/DV/的/朋友/购买/这/款/扎实/的/三脚架/。
```

下面着手对多条评价内容进行批量分词。考虑到评价类型分为 "好评""中评""差评"，分别进行分析会更有针对性，所以先对评价类型为 "好评" 的评价内容进行分词。相应代码如下：

```
1   good = data.query('评价类型 == "好评"')
2   good = good['评价内容'].tolist()
3   good = ''.join(good)
4   good_seg_list = jieba.cut(good)
```

第 1 行代码使用 query() 函数筛选出评价类型为 "好评" 的数据。

第 2 行代码使用 tolist() 函数将筛选结果的 "评价内容" 列数据转换成列表。

第 3 行代码使用 join() 函数将第 2 行代码得到的列表的各个元素（即各条评价内容）连接成一个大字符串，以便统一进行分词。

第 4 行代码使用 jieba 模块中的 cut() 函数对第 3 行代码得到的大字符串进行中文分词。

3. 过滤停用词

有一些词在中文文本中出现的频率很高，如 "是""的""和""了" 等，但是对于本次文本分析任务而言没有太大意义。为了提高分析效率，在分词完毕后最好将这类词从结果中剔除，这一操作称为 "停用词过滤"。

为了过滤停用词，需要准备一个停用词词典。理论上来讲，停用词词典的内容是根据文本分析的目的变化的。我们可以自己制作停用词词典，但更高效的做法是下载现成的停用词词典，然后根据实际需求在词典中增删停用词。网络上有一些可以免费下载的中文停用词词典，读者可以自行搜索。

这里使用本节实例文件中的停用词词典"stopwords.txt"来过滤停用词，相应代码如下：

```
1  with open(file='stopwords.txt', mode='r', encoding='utf-8')
   as f:
2      stopwords = f.read().splitlines()
3  extra_stopwords = [' ', '宝贝', '三脚架', '架子', '上午', '下
   午', '挺', '不错', '买', '选购', '朋友']
4  stopwords += extra_stopwords
```

第1、2行代码用于从停用词词典"stopwords.txt"中读取内容，并按行拆分，得到一个停用词列表 stopwords。

第3行代码创建了一个列表 extra_stopwords，列表的内容是一些自定义的停用词。

第4行代码使用"+="运算符将列表 extra_stopwords 拼接到列表 stop-words 的尾部，即在词典中添加自定义的停用词。

准备好停用词列表，就可以从分词结果中过滤停用词了。相应代码如下：

```
1  good_filtered = []
2  for w in good_seg_list:
3      if w not in stopwords:
4          good_filtered.append(w.lower())
```

第1行代码创建了一个空列表 good_filtered，用于存放过滤后的词。

第2～4行代码用 for 语句遍历前面的分词结果，然后判断当前词是否不在停用词列表中，如果满足条件，就将当前词添加到列表 good_filtered 中。添加之前用 lower() 函数将可能存在的英文字母统一转换成小写形式，原因是一些英文单词可能存在不同的大小写形式，如"APP"和"app"，但统计词频时应作为同一个词处理。

4. 统计高频词汇

对过滤了停用词的分词结果进行词频统计，相应代码如下：

```
1  from collections import Counter
```

```
2    good_frq = Counter(good_filtered).most_common(50)
3    print(good_frq)
```

第 1 行代码导入 Python 内置模块 collections 中的 Counter() 函数。

第 2 行代码使用导入的 Counter() 函数对过滤了停用词的分词结果进行元素唯一值的个数统计，得到各个词的词频，再用 most_common() 函数提取排名前几位的词和词频，这里的 50 表示前 50 位。

代码运行结果如下（部分内容从略）。可以看出，统计结果是一个列表，列表的元素则是一个个包含词和词频的元组。

```
1    [('相机', 16), ('质量', 14), ('手机', 14), ('操作', 12), ('价
     格', 9), ('满意', 9), ('外观', 8), ('效果', 8), ('简单', 7),
     ('稳固', 7), ('发货', 7), ('结实', 6), ('稳定', 6) ……]
```

5. 绘制词云图

词频统计结果其实已经可以反映用户对该商品的印象，下面通过绘制词云图来更直观地展示统计结果。词云图是一种将文本中出现频率较高的关键词以视觉上的突出形式展示出来的图表，使得文本的主旨一目了然。

能绘制词云图的 Python 第三方模块有不少，这里使用的是 pyecharts 模块，它能创建类型丰富、精美生动、可交互性强的数据可视化效果。该模块的安装命令为 "pip install pyecharts"。

用 pyecharts 模块绘制词云图的代码如下：

```
1    import pyecharts.options as opts
2    from pyecharts.charts import WordCloud
3    chart = WordCloud()
4    chart.add(series_name='数量', data_pair=good_frq, word_
     size_range=[10, 80])
5    chart.set_global_opts(title_opts=opts.TitleOpts(title='用
     户偏好分析', title_textstyle_opts=opts.TextStyleOpts(font_
     size=30)), tooltip_opts=opts.TooltipOpts(is_show=True))
6    chart.render('词云图.html')
```

第 1 行代码导入 pyecharts 模块的子模块 options，并简写为 opts。

第 2 行代码导入 pyecharts 模块的子模块 charts 中的 WordCloud 类。

第 3 行代码使用 WordCloud 类创建了一张空白的词云图。

第 4 行代码中，add() 函数的参数 series_name 用于设置数据系列的名称，参数 data_pair 用于设置数据源，参数 word_size_range 用于设置词云图中每个词的字号变化范围。

在 pyecharts 模块中，用于配置图表元素的选项称为配置项。配置项分为全局配置项和系列配置项，全局配置项可通过 set_global_opts() 函数进行设置。

第 5 行代码中的 TitleOpts() 函数用于设置图表标题，TextStyleOpts() 函数用于设置字体样式，TooltipOpts() 函数用于设置是否显示提示框。

第 6 行代码使用 render() 函数将图表保存为网页文件"词云图.html"。

运行以上代码后，双击生成的网页文件"词云图.html"，可在默认浏览器中看到如图 6-49 所示的词云图。将鼠标指针放在某个词上，可看到该词的词频。从图中可以看出，对这款商品给予好评的用户在评价中比较频繁地提及了"质量""操作""价格""外观"等关键词，说明用户对这些方面的满意度较高。

图 6-49

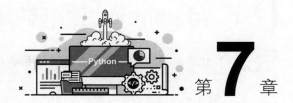

Python 爬虫技术进阶

第 **7** 章

　　本章将讲解 Python 爬虫的一些进阶技术，主要分为两类：第 1 类是有助于提升爬虫程序开发效率的技术，如用 pandas 模块爬取网页表格数据、用数据接口爬取数据等；第 2 类是有助于提升爬虫程序使用体验和运行效率的技术，如带图形用户界面的爬虫程序开发、爬虫程序的打包、Selenium 模块的等待方式优化等。

7.1 用 pandas 模块爬取网页表格数据

 ◎ 代码文件：实例文件＼07＼7.1＼用pandas模块爬取网页表格数据.py

许多网页中的数据展示在以 <table> 标签定义的表格中，这类表格数据可以使用 pandas 模块中的 read_html() 函数快速提取。该函数使用 lxml、BeautifulSoup、html5lib 等模块作为数据解析引擎，建议事先将这些模块都安装好。下面通过实例讲解 read_html() 函数的用法。

用谷歌浏览器打开中国天气网的空气质量指数排行榜页面（http://pc.weathercn.com/air/rank/?order=0），可以看到以表格形式存在的数据，用开发者工具分析网页源代码，会发现该表格是用 <table> 标签定义的，如图 7-1 所示。因此，可以使用 read_html() 函数爬取该网页中的数据表格。

图 7-1

read_html() 函数支持直接根据网址爬取数据，但如果目标网页设置了反爬机制，read_html() 函数有可能会爬取失败。因此，建议先按照第 3～5 章介绍的方法，用 Requests 或 Selenium 等模块获取目标网页的源代码，再将网页源代码交给 read_html() 函数处理。

使用第 3 章介绍的方法判断出目标网页是静态页面，可以用 Requests 模块获取网页源代码。演示代码如下：

```
1    import requests
```

```
2    url = 'http://pc.weathercn.com/air/rank/?order=0'
3    headers = {'User-Agent': 'Mozilla/5.0 (Windows NT 10.0; Win64;
     x64) AppleWebKit/537.36 (KHTML, like Gecko) Chrome/114.0.0.0
     Safari/537.36'}
4    response = requests.get(url=url, headers=headers)
5    response.encoding = response.apparent_encoding
6    html_code = response.text
7    file_path = 'AQI.txt'
8    with open(file=file_path, mode='w', encoding='utf-8') as f:
9        f.write(html_code)
```

上述代码使用 Requests 模块获取目标网页的源代码并保存成文本文件"AQI.txt"。接下来使用 read_html() 函数从网页源代码中提取表格数据，演示代码如下：

```
1    import pandas as pd
2    table_list = pd.read_html(io=file_path)
```

第 2 行代码中，read_html() 函数的参数 io 用于指定目标网页的网址或源代码，这里设置的参数值是包含网页源代码的文本文件"AQI.txt"。

如果不想将网页源代码保存成文件，而是直接将其传给参数 io，则建议使用 io 模块中的 StringIO 类将普通字符串转换成数据流对象，演示代码如下：

```
1    from io import StringIO
2    table_list = pd.read_html(io=StringIO(html_code))
```

read_html() 函数会将提取结果以列表形式返回，列表中的每个元素都是一个 DataFrame，包含提取到的表格数据。如果使用 len() 函数查看列表 table_list 的元素个数，结果为 20，说明从目标网页中提取到 20 个表格。

如果逐个输出这些表格的内容来寻找我们需要的表格，会显得比较烦琐。为提高效率，可以利用 read_html() 函数的参数 match 来限定只返回内容包含特定文本的表格。将第 2 行代码修改为如下代码，表示只返回内容包含"空气质量状况"的表格。

```
1   table_list = pd.read_html(io=file_path, match='空气质量
    状况')
```

再次用 len() 函数查看列表 table_list 的长度时，结果变为 1，这样就大大减少了后续的工作量。

继续从列表 table_list 中提取表格。需要注意的是，尽管此时该列表中只有 1 个表格，也仍然要用索引号 0 来提取。演示代码如下：

```
1   data = table_list[0]
2   print(data)
```

提取出的表格数据如图 7-2 所示，可以看到成功地达到了目的。

	排名	城市	省份	空气质量状况	AQI
0	1	泰宁	福建省	优	7
1	2	保亭	海南省	优	8
2	3	五指山	海南省	优	9
...	...	...	...	...	...
2981	2982	遂溪	广东省	重度	214
2982	2983	吴川	广东省	严重	500
2983	2984	廉江	广东省	严重	500

图 7-2

除了通过参数 match 根据文本内容筛选表格，还可以通过参数 attrs 根据 <table> 标签的属性筛选表格。在图 7-1 中可以看到，要提取的表格对应的 <table> 标签有一个 class 属性，属性值为 "air-trend-list"，利用该属性值筛选表格的演示代码如下：

```
1   table_list = pd.read_html(io=file_path, attrs={'class':
    'air-trend-list'})
2   data = table_list[0]
3   print(data)
```

运行代码后提取到的数据与前面相同，这里不再赘述。

7.2　用数据接口爬取数据

 ◎ 代码文件：实例文件＼07＼7.2＼用数据接口爬取数据.py

本节所说的数据接口是指一些 Python 第三方模块。用户不需要自己编写爬虫程序，直接使用这些模块提供的接口函数就能方便地获取数据。本节以 AKShare 模块为例进行讲解。

AKShare 是一款以学术研究为主要目的开发的 Python 财经数据接口。AKShare 的数据来自相对权威的财经网站公开发布的数据，涵盖股票、期货、基金、外汇、债券等金融产品的基本面数据、实时和历史行情数据、衍生数据等，内容十分丰富。

AKShare 仅支持 64 位的操作系统，并且仅支持 Python 3.8（64 位）及以上版本，推荐 Python 3.11（64 位）及以上版本。AKShare 的安装命令为"pip install akshare"，安装好后，不需要注册和付费就能使用。

1.　阅读文档了解接口函数的用法

AKShare 的文档十分完善，对每个接口函数均提供详细的使用说明，新用户很容易就能上手。用浏览器打开 AKShare 的文档首页（https://akshare.akfamily.xyz/），接口函数的使用说明主要位于"AKShare 数据字典"栏目。如图 7-3 所示，在左侧的目录树中单击"AKShare 数据字典"，将展开更多细分类别，包括股票数据、期货数据、债券数据等。用户可在左侧的目录树中选择要查看的类别，也可用右侧的页面浏览类别。假设要查看获取东方财富网的现货与股票数据的接口函数，在左侧单击"AKShare 期货数据"类别。

图 7-3

　　左侧的目录树将展开期货数据下的子类别，单击子类别中的"现货与股票"，页面右侧就会跳转显示对应接口函数的使用说明，如图 7-4 所示。其中"接口"部分列出的 futures_spot_stock 是函数名。

图 7-4

　　在右侧继续向下浏览页面。在"输入参数"和"输出参数"部分可以看到接口函数的参数和返回值，如图 7-5 所示。

输入参数

名称	类型	描述
symbol	str	symbol="能源"; choice of {'能源', '化工', '塑料', '纺织', '有色', '钢铁', '建材', '农副'}

输出参数

名称	类型	描述
商品名称	object	-
近5月	float64	注意: 具体的日期
近4月	float64	注意: 具体的日期
近3月	float64	注意: 具体的日期
近2月	float64	注意: 具体的日期
近1月	float64	注意: 具体的日期

图 7-5

　　在"接口示例"和"数据示例"部分可以看到接口函数的示例代码和返回数据的样本，如图 7-6 所示。

　　除了利用目录树浏览文档，还可以利用页面左上角的搜索框对文档进行全文搜索，如图 7-7 所示。

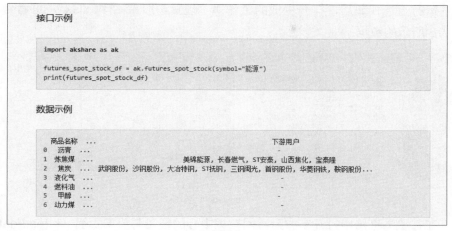

图 7-6

图 7-7

2. 按照文档说明使用接口函数

下面对接口函数 futures_spot_stock() 进行实际应用。假设要获取"纺织"类期货商品的数据，按照接口函数的使用说明编写如下代码：

```
1  import akshare as ak
2  data = ak.futures_spot_stock(symbol='纺织')
3  data.to_excel('现货与股票-纺织.xlsx', index=False)
```

第 1 行代码用于导入 AKShare 模块，并简写为 ak。

第 2 行代码使用 futures_spot_stock() 函数获取"纺织"类期货商品的数据，其中参数 symbol 的值是期货商品的类别。

第 3 行代码将获取的数据导出至 Excel 工作簿。

运行上述代码后，打开生成的工作簿"现货与股票-纺织.xlsx"，可看到如图 7-8 所示的数据。

	A	B	C	D	E	F	G	H	I	J
1	商品名称	05-31	06-30	07-31	08-31	09-30	最新价格	近半年涨跌幅	生产商	下游用户
2	生丝	429500	443325	468350	488000	492250.00	499750	16.36	嘉欣丝绸，	-
3	皮棉	16333.33	17245.67	17992.83	18269.33	18219.00	17465.5	6.93	鲁泰A，陕	-
4	锦纶FDY	18650	18475	18900	19450	20175.00	19600	5.09	恒逸石化，	-
5	棉纱21S	24066.67	24400	24700	24900	25133.33	25133.33	4.43	鲁泰A，华	-
6	PTA	5614.55	5600	6010.91	6180.91	6213.64	5851	4.21	东方盛虹，	-
7	涤纶POY	7540	7498.33	7806.67	7898.33	8206.67	7831.67	3.87	东方盛虹，	-
8	涤纶FDY	8226	8136	8406	8466	8836.00	8496	3.28	东方盛虹，	-
9	涤纶短纤	7476.67	7368.33	7668.33	7668.33	7912.00	7712	3.15	-	-
10	涤纶DTY	9018.5	9033.5	9308.5	9313.89	9497.22	9180.56	1.8	东方盛虹，	-
11	粘胶短纤	13360	13220	12960	13080	13480.00	13600	1.8	澳洋健康，	-
12	人棉纱	17566.67	17400	17150	17375	17650.00	17650	0.47	华西股份，	-
13										

图 7-8

在谷歌浏览器中打开东方财富网数据中心的现货与股票页面（https://data.eastmoney.com/ifdata/xhgp.html），单击"纺织"分类，可看到页面中展示的数据与工作簿中的数据相同，如图 7-9 所示，说明数据爬取成功。

商品名称	05-31	06-30	07-31	08-31	09-30	最新价格	近半年涨跌幅	生产商	下游用户
生丝	429500.00	443325.00	468350.00	488000.00	492250.00	499750.00	+16.36%	嘉欣丝绸	-
皮棉	16333.33	17245.67	17992.83	18269.33	18219.00	17465.50	+6.93%	鲁泰A	-
锦纶FDY	18650.00	18475.00	18900.00	19450.00	20175.00	19600.00	+5.09%	恒逸石化	-
棉纱21S	24066.67	24400.00	24700.00	24900.00	25133.33	25133.33	+4.43%	鲁泰A	-
PTA	5614.55	5600.00	6010.91	6180.91	6213.64	5851.00	+4.21%	东方盛虹	-
涤纶POY	7540.00	7498.33	7806.67	7898.33	8206.67	7831.67	+3.87%	东方盛虹	-
涤纶FDY	8226.00	8136.00	8406.00	8466.00	8836.00	8496.00	+3.28%	东方盛虹	-
涤纶短纤	7476.67	7368.33	7668.33	7668.33	7912.00	7712.00	+3.15%		-
涤纶DTY	9018.50	9033.50	9308.50	9313.89	9497.22	9180.56	+1.80%	东方盛虹	-
粘胶短纤	13360.00	13220.00	12960.00	13080.00	13480.00	13600.00	+1.80%	澳洋健康	-
人棉纱	17566.67	17400.00	17150.00	17375.00	17650.00	17650.00	+0.47%	华西股份	-

图 7-9

上面的例子说明，在数据接口的帮助下，我们不需要自己分析网页和编写爬虫程序，只需要简单地编写几行代码，就能获得想要的数据，从而大大地提高了效率。

7.3 开发带图形用户界面的爬虫程序

◎ 代码文件：实例文件 \ 07 \ 7.3 \ 开发带图形用户界面的爬虫程序.py

　　Python 默认在命令行环境中进行数据的输入和输出，开发出的爬虫程序对普通用户来说不便于使用。为了解决这个问题，可以为爬虫程序搭建图形用户界面（GUI），让爬虫程序的界面变得美观和友好，操作更加人性化。

　　本节将使用 Python 开发一个带图形用户界面的城市生活成本查询程序，最终效果如图 7-10 所示。界面的主要组成部分有：❶主窗口；❷标签，用于显示提示文本 "请选择区域："；❸下拉列表框，供用户选择要查询的区域；❹"确定" 按钮，用户选择完要查询的区域后单击该按钮，下方的表格中会显示查询结果；❺表格，用于显示查询结果。

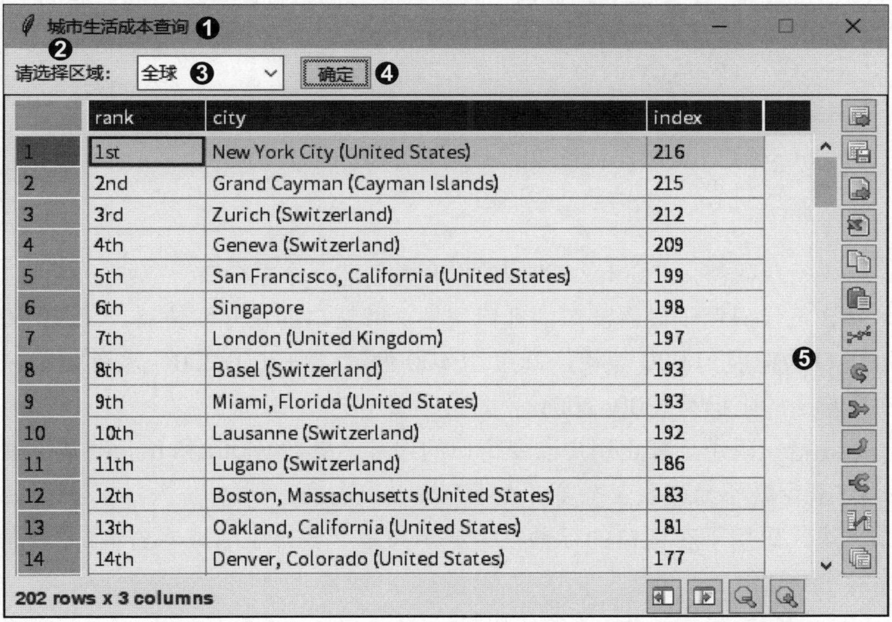

图 7-10

1. 导入所需模块

导入需要使用的模块，相应代码如下：

```
1  import akshare as ak
2  import tkinter as tk
3  from tkinter import ttk
4  from pandastable import Table, config
```

第 1 行代码导入 7.2 节中介绍的 AKShare 模块，用于获取数据。

第 2、3 行代码导入 Tkinter 模块和 Tkinter 模块的子模块 ttk。Tkinter 模块是内置模块，用于构建基本的图形用户界面，它本身包含一些基础组件，如按钮、标签、文本框等。ttk 子模块在继承这些基础组件的同时为组件赋予了更现代化的外观，并且新增了一些组件，如本节的程序中要用到的下拉列表框。

第 4 行代码导入 pandastable 模块，用于创建显示 DataFrame 的表格组件。该模块是第三方模块，安装命令为 "pip install pandastable"。

2. 创建界面的元素

（1）**创建主窗口**：导入模块后，开始搭建界面。创建主窗口的代码如下：

```
1    root = tk.Tk()
2    root.geometry('600x400+300+200')
3    root.resizable(width=False, height=False)
4    root.title('城市生活成本查询')
```

第 1 行代码使用 Tkinter 模块中的 Tk 类创建一个主窗口。

第 2 行代码用于设置窗口的几何属性，即窗口的尺寸和位置。"600x400" 表示窗口的宽度为 600 像素，高度为 400 像素。"+300+200" 表示窗口左上角在屏幕上的坐标为 (300, 200)。

第 3 行代码用于禁止用户改变窗口的尺寸。参数 width 和 height 均设置为 False，表示既不允许改变宽度，也不允许改变高度。

第 4 代码用于在窗口的标题栏中显示文本 "城市生活成本查询"，以表明程序的主要功能。

（2）**创建标签**：创建标签的代码如下：

```
1    region_label = ttk.Label(root, text='请选择区域：')
2    region_label.place(x=5, y=5, width=80, height=25)
```

第 1 行代码使用 ttk 子模块中的 Label 类在主窗口中添加一个标签，并将其文本设置为 "请选择区域："。

第 2 行代码使用 place() 函数设置标签的位置和尺寸，参数 x 和 y 分别用于指定标签左上角在主窗口中的横坐标和纵坐标，参数 width 和 height 分别用于指定标签的宽度和高度（单位：像素）。

（3）**创建下拉列表框**：创建下拉列表框的代码如下：

```
1   region_options = {
2       '全球': 'world',
3       '欧洲': 'europe',
4       '北美洲': 'north-america',
5       '拉丁美洲': 'latin-america',
6       '亚洲': 'asia',
7       '中东': 'middle-east',
8       '非洲': 'africa',
9       '大洋洲': 'oceania'
10  }
11  region_combobox = ttk.Combobox(root, values=list(region_
    options.keys()), state='readonly')
12  region_combobox.current(0)
13  region_combobox.place(x=90, y=5, width=100, height=25)
```

第 1 ～ 10 行代码创建了一个字典 region_options，字典的键和值是按照 AKShare 模块中用于查询城市生活成本的 cost_living() 函数的参数定义的。其中，键是各个区域的中文名称，值是 cost_living() 函数的语法格式中所规定的与区域对应的参数值。

第 11 行代码使用 ttk 子模块中的 Combobox 类在主窗口中添加一个下拉列表框，列表框中的选项（通过参数 values 指定）来自字典 region_options 的键。

第 12 行代码使用 current() 函数指定下拉列表框中当前选中的选项，这里的 0 表示第 1 个选项。

第 13 行代码使用 place() 函数设置下拉列表框的位置和尺寸。

（4）**创建按钮**：创建按钮的代码如下：

```
1   submit_button = ttk.Button(root, text='确定')
2   submit_button.place(x=200, y=5, width=50, height=25)
```

这两行代码使用 ttk 子模块中的 Button 类在主窗口中添加一个"确定"按钮，然后使用 place() 函数设置按钮的位置和尺寸。

（5）**创建表格**：创建表格的代码如下：

```
1   f = ttk.Frame(root)
2   f.place(x=5, y=35, width=590, height=365)
3   pt = Table(f, dataframe=None, showtoolbar=True, showsta-
    tusbar=True, editable=False)
4   options = {'floatprecision': 2, 'font': '思源黑体', 'font-
    size': 10}
5   config.apply_options(options, pt)
6   pt.show()
```

第 1、2 行代码使用 ttk 子模块中的 Frame 类在主窗口中添加一个框架，作为放置表格的容器，然后使用 place() 函数设置框架的位置和大小。

第 3 行代码使用 pandastable 模块中的 Table 类在框架中添加一个表格，表格内容为空白（dataframe=None），显示工具栏（showtoolbar=True）和状态栏（showstatusbar=True），表格内容不可编辑（editable=False）。

第 4 行代码创建了一个字典，代表表格的样式选项。其中，floatprecision 选项用于指定浮点型数字的精度，这里的 2 代表保留两位小数；font 和 font-size 选项分别用于指定表格文本的字体和字号。

第 5 行代码将第 4 行代码设置的表格样式选项应用到表格上。

第 6 行代码使用 show() 函数显示表格。

至此，所有的窗口组件都创建完毕。

3. 实现界面的功能

接下来还需要实现界面的功能：在用户单击"确定"按钮后，根据下拉列表框中所选的区域爬取相应的数据，并将数据显示在表格中。相应代码如下：

```
1   def fetch_data_and_display():
2       selected_region = region_combobox.get()
3       selected_region_value = region_options[selected_re-
        gion]
4       cost_living_df = ak.cost_living(region=selected_re-
        gion_value)
5       pt.model.df = cost_living_df
```

```
6        pt.autoResizeColumns()
7    submit_button.configure(command=fetch_data_and_display)
```

第 1～6 行代码创建了一个自定义函数 fetch_data_and_display()，用于
爬取和显示数据。其中，第 2 行代码使用 get() 函数获取用户在下拉列表框中
选择的区域。第 3 行代码根据区域从字典 region_options 中提取对应的参数值。
第 4 行代码使用 AKShare 模块中的 cost_living() 函数爬取对应区域的生活成
本数据。第 5 行代码将获得的数据赋给 pt 对象的 model.df 属性，从而实现在
表格中显示数据。第 6 行代码使用 autoResizeColumns() 函数根据数据内容自
动调整表格的列宽。

第 7 行代码使用 configure() 函数将 fetch_data_and_display() 函数绑定
到"确定"按钮上，当用户单击"确定"按钮时，就会执行 fetch_data_and_
display() 函数，完成数据的爬取和显示。

4. 启动界面

启动界面的代码如下：

```
1    root.mainloop()
```

这行代码使用 mainloop() 函数启动 Tkinter 的主事件循环，使程序界面可
以响应用户的操作。

运行代码后，会显示如图 7-11 所示的窗口，在下拉列表框中选择要查询
的区域，如"欧洲"，再单击"确定"按钮，表格中就会显示该区域各主要城
市的生活成本指数，如图 7-12 所示。

图 7-11

图 7-12

Python 的图形用户界面开发还有许多更强大或更易用的第三方模块可以选择，如 PyQt、PySide、wxPython 等，感兴趣的读者可以自行搜索相关资料。

7.4   爬虫程序的打包

将 Python 程序及其依赖的组件（模块和数据文件等）打包成可执行文件，这样其他用户不需要安装 Python 解释器及相关模块就能直接运行程序，从而提高了程序的易用性。

Python 程序的打包可以使用 PyInstaller、cx_Freeze、py2exe 等第三方模块来实现。本节将使用 PyInstaller 模块对上一节编写的爬虫程序进行打包，该模块的安装命令为"pip install pyinstaller"。

安装好 PyInstaller 模块后，在 Windows 资源管理器中进入要打包的 Python 程序所在的文件夹，这里假设要打包的 Python 程序位于"E:\Python\demo"。为便于操作，将 Python 程序的文件名修改为简短的英文，如"coli_app.py"。在资源管理器的地址栏中输入"cmd"后按〈Enter〉键，打开命令行窗口，输入并执行如下命令，进行程序打包操作：

```
1    pyinstaller -D -w coli_app.py
```

在这行命令中，"-D"表示在打包时生成一个独立的文件夹，其中包含可执行文件和所有依赖项；"-w"表示在运行打包得到的可执行文件时，不显示命令行窗口。

当命令行窗口中出现提示文字"Building EXE from EXE-00.toc completed successfully."时，表示已经打包完毕，如图 7-13 所示。

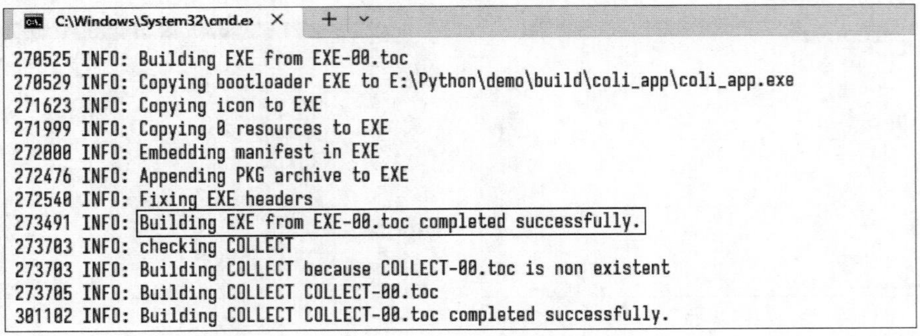

图 7-13

返回资源管理器窗口，可以看到程序文件夹中多了两个文件夹"build"和"dist"，以及一个文件"coli_app.spec"，如图 7-14 所示。打开文件夹"dist"下的子文件夹"coli_app"，可以看到打包好的可执行文件"coli_app.exe"，如图 7-15 所示。

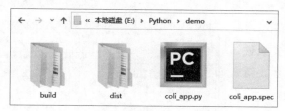

图 7-14　　　　　　　　　　　图 7-15

双击文件"coli_app.exe"以运行程序，会弹出如图 7-16 所示的报错对话框，提示缺少文件"mini_racer.dll"。可能的原因是 PyInstaller 模块在打包过程中未复制某个模块所依赖的资源文件，我们可以通过手动复制文件来解决问题。

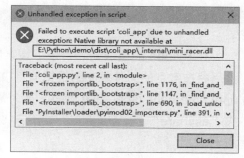

图 7-16

在 Python 的模块安装目录下搜索文件"mini_racer.dll"，如图 7-17 所示，然后将搜索到的文件复制到报错信息中指出的路径下。例如，前面的报错信息提示在路径"E:\Python\demo\dist\coli_app_internal"中缺少该文件，所以将该文件复制到此路径下，如图 7-18 所示。

图 7-17

图 7-18

> **提 示**
>
> 　　如果不知道 Python 的模块安装目录的位置，可以在命令行窗口中使用 pip
> 命令查询任意一个已安装模块的信息，如"pip show akshare"。查询结果中
> "Location"项的内容就是 Python 的模块安装目录的路径。

　　再 次 运 行"coli_app.exe"，会
弹出新的报错对话框，提示缺少文件
"calendar.json"，如图 7-19 所示。继
续用同样的思路解决此问题。

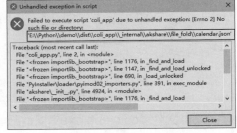

图 7-19

　　在 Python 的模块安装目录下搜索文件"calendar.json"，如图 7-20 所示，
然后将搜索到的文件复制到报错信息中指出的路径"E:\Python\demo\dist\coli_
app_internal\akshare\file_fold"下。需要注意的是，该路径的最后两级文件
夹"akshare"和"file_fold"并不存在，需要手动创建，复制后的效果如图 7-21
所示。

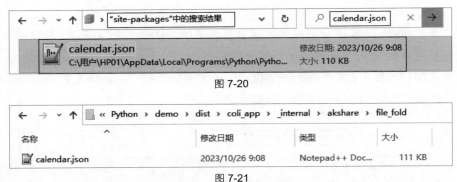

图 7-20

图 7-21

　　再次运行"coli_app.exe"，将不再报错，程序的功能也可正常使用。运行
效果在上一节中已经展示过，这里不再赘述。如果要在其他计算机上使用打包
好的程序，将文件夹"dist"下的子文件夹"coli_app"整个复制到目标计算机
上即可。

　　限于篇幅，本节讲解的只是 PyInstaller 模块的一小部分功能。读者如果想
深入学习该模块的用法，可以自行搜索相关资料。

7.5　爬虫提速：优化 Selenium 模块的等待方式

 ◎ 代码文件：实例文件＼07＼7.5＼隐式等待.py、显式等待.py

当使用 Selenium 模块操控浏览器加载网页时，由于网络阻塞或服务器繁忙等原因，各个资源的加载进度可能不一致。如果在网页尚未完全加载时就执行定位网页元素等操作，可能会因为元素不存在而出错。为了解决这个问题，需要为程序设置延时等待。

1. 强制等待

前几章的案例都是使用 time 模块中的 sleep() 函数让程序等待固定的时间，这种等待方式称为强制等待。强制等待虽然思路简单、容易实现，但是有两个明显的缺点：第一，需要在每个加载网页的地方都设置等待，代码会变得冗长；第二，强制等待的时间是一个固定值，而网页的实际加载时间会随着本机运算速度和网络传输状况等因素的变化而变化，假设设置了等待 10 秒，但实际上网页只用了 3 秒就加载完毕，那么剩下的 7 秒就是无意义的等待，大大降低了程序的效率。

> **提 示**
>
> 有时为了避免爬虫操作过于频繁而触发网站的反爬机制，也会在程序中设置强制等待。这种强制等待是必需的。

为了以更加灵活和高效的方式进行等待，Selenium 模块提供了两种等待方式：隐式等待和显式等待。下面以访问百度首页为例进行讲解。

2. 隐式等待

隐式等待的特点是"一次设置，全局生效"。具体来说，隐式等待只需要在代码中设置一次，就对所有网页元素都有效。开启了隐式等待后，Selenium 模块会在每次定位网页元素时等待指定的时间，如果元素在规定的时间内加载完毕，就立刻执行后续的操作；如果超过了规定的时间还未定位到元素，则会抛出一个超时异常。隐式等待的演示代码如下：

```
1    from selenium import webdriver
```

```
2   from selenium.webdriver.common.by import By
3   browser = webdriver.Chrome()
4   browser.implicitly_wait(10)
5   try:
6       browser.get('https://www.baidu.com')
7       search_box = browser.find_element(By.CSS_SELECTOR,
        'input#kw')
8       print('定位到搜索框')
9   except:
10      print('等待超时')
11  finally:
12      browser.quit()
```

第 4 行代码使用 implicitly_wait() 函数设置隐式等待的时间为 10 秒。

第 5～12 行代码先操控浏览器打开百度首页，然后尝试定位搜索框。如果在 10 秒内定位到了搜索框，就输出"定位到搜索框"；如果在 10 秒内未定位到搜索框，则输出"等待超时"。最后，无论定位成功还是失败，都会关闭浏览器。

3. 显式等待

相比于全局性的隐式等待，显式等待是一种更精确的等待方式，它可以针对特定的网页元素设置确切的等待条件，如等待直到元素出现、消失、可交互、包含特定文本等。显式等待的演示代码如下：

```
1   from selenium import webdriver
2   from selenium.webdriver.common.by import By
3   from selenium.webdriver.support.ui import WebDriverWait
4   from selenium.webdriver.support import expected_conditions
    as EC
5   browser = webdriver.Chrome()
6   browser.get('https://www.baidu.com')
7   wait = WebDriverWait(driver=browser, timeout=5, poll_fre-
```

```
   quency=0.5)
8  try:
9      search_box = wait.until(EC.presence_of_element_locat-
       ed((By.CSS_SELECTOR, 'input#kw')))
10     print('定位到搜索框')
11 except:
12     print('等待超时')
13 finally:
14     browser.quit()
```

第 7 行代码创建了一个 WebDriverWait 对象，代表一个等待设置。其中，参数 driver 用于设置在哪个浏览器窗口上执行等待操作，参数 timeout 用于设置最长等待时间（单位：秒），参数 poll_frequency 用于设置检查条件是否成立的时间间隔（单位：秒）。

第 9 行代码使用 WebDriverWait 对象的 until() 函数等待页面上的指定元素，具体的等待条件是通过 EC 类中的函数设置的，这里的 presence_of_element_located() 函数表示元素出现在页面上，元素的定位则通过 CSS 选择器进行。概括来说，这行代码表示每隔 0.5 秒就检查一次页面中是否出现搜索框，如果在 5 秒内出现，就将搜索框赋给变量 search_box，如果在 5 秒内未出现，则抛出一个异常。

使用 EC 类中的函数可以设置多种等待条件，详见 Selenium 模块的官方文档（https://www.selenium.dev/selenium/docs/api/py/webdriver_support/selenium.webdriver.support.expected_conditions.html）。

提 示

不建议在代码中混合使用隐式等待和显式等待，因为这样可能导致不可预测的等待时间。例如，设置 10 秒的隐式等待和 15 秒的显式等待可能导致 20 秒后发生超时。

第**8**章

综合实战：
财经数据爬取

　　财经数据有助于投资者和金融机构了解当前的经济运行状况，预测未来市场的走势，从而做出正确的投资决策。本章将利用 AI 工具辅助编写 Python 爬虫程序，从多个财经网站爬取财经数据。

8.1 爬取证券日报网的财经新闻

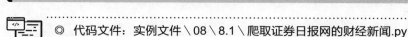

◎ 代码文件：实例文件＼08＼8.1＼爬取证券日报网的财经新闻.py

证券日报网主要提供综合财经新闻和资本市场财经资讯。本案例将爬取在证券日报网中搜索到的财经新闻的标题和网址。

步骤01 **输入关键词进行搜索。**❶用谷歌浏览器打开证券日报网（http://www.zqrb.cn），❷在页面顶部的搜索框中输入关键词，如"证券交易印花税"，❸单击右侧的🔍按钮，如图 8-1 所示。在新标签页中打开搜索结果页面，为了提高搜索结果的关联度，❹在该页面的顶部单击"标题"单选按钮，❺再单击"搜索"按钮，搜索结果如图 8-2 所示。

图 8-1

图 8-2

步骤02 **判断目标网页的类型。**向下滚动页面，没有加载新的内容，用右键快捷菜单显示的网页源代码也包含页面中的新闻数据，说明该网页是静态的。

步骤03 **分析目标网页的编码格式**。在右键快捷菜单显示的网页源代码中可以看到目标网页的编码格式为 UTF-8，如图 8-3 所示。

```
自动换行 □
1  <!DOCTYPE html>
2  <html lang="en">
3  <head>
4  <meta http-equiv="Content-Type" content="text/html; charset=utf-8" />
5  <meta name="googlebot" content="index,noarchive,nofollow,noodp" />
6  <meta name="robots" content="index,nofollow,noarchive,noodp" />
```

图 8-3

步骤04 **分析目标网页的网址**。单击搜索结果页面底部的翻页链接进行翻页，并观察地址栏中网址的变化，可以总结出网址的格式如下：

```
1  http://search.zqrb.cn/search.php?src=all&q={关键词}&f=title&
   s=newsdate_DESC&p={页码}
```

步骤05 **分析包含所需数据的标签**。打开开发者工具，❶单击元素选择工具按钮，❷在页面中单击一条新闻的链接，❸在"Elements"选项卡中会跳转至这条链接对应的源代码，如图 8-4 所示。可以看到，搜索结果位于一个 <dl class="result-list"> 标签中，新闻的标题和网址则位于 <dt> 标签下的 <a> 标签中。此外，每个新闻标题前都有一个数字序号，与标题之间用空格分隔。这个序号是无用的，需要删除。

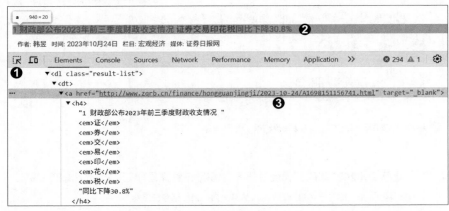

图 8-4

步骤06 **编写 CSS 选择器**。按照步骤 05 的分析结果编写出定位搜索结果中所有新闻链接的 CSS 选择器，具体如下。在开发者工具的"Elements"选项卡中按快捷键〈Ctrl+F〉调出搜索框，输入编写的 CSS 选择器，可以搜索到 15 个结果，如图 8-5 所示，与页面中实际显示的新闻条数一致，说明 CSS 选择器编写正确。

```
1   dl.result-list > dt > a
```

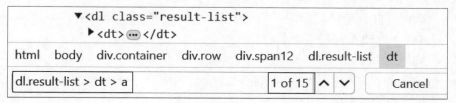

图 8-5

步骤07 **使用 AI 工具生成代码**。完成上述分析后，就可以通过编写提示词描述爬虫项目的需求，然后将提示词输入 AI 工具，让其生成代码。以下给出的提示词仅供参考，读者应根据 2.3 节的知识和爬虫项目的具体情况编写提示词。

你是一名非常优秀的 Python 爬虫工程师，请帮我从证券日报网爬取根据指定关键词搜索到的新闻的标题和网址。项目的信息和要求如下：

（1）使用 Requests 模块获取网页源代码。目标网页的网址格式为 http://search.zqrb.cn/search.php?src=all&q={关键词}&f=title&s=newsdate_DESC&p={页码}，编码格式为 utf-8。本次爬取任务的关键词为"证券交易印花税"，页码为第 1～3 页。

（2）使用 BeautifulSoup 模块从网页源代码中提取数据。新闻的标题和网址位于 <a> 标签中，对应的 CSS 选择器为"dl.result-list > dt > a"，<a> 标签的文本是标题，href 属性值是网址。其中，提取的标题是"数字序号 + 空格 + 标题文本"的格式，请对标题做数据清洗，删除开头的"数字序号 + 空格"，只保留"标题文本"。

（3）使用 pandas 模块整理数据，并导出成 CSV 文件，文件名格式为"新闻_{关键词}.csv"，编码格式为 utf-8-sig。

请按上述信息和要求编写 Python 代码，谢谢。

步骤08 **审阅和修改代码**。目前的 AI 工具仍处于发展阶段，其理解能力和编程能力还不够成熟，生成的代码有可能存在缺陷、错误或过时的语法。因此，我们有必要基于自己掌握的编程知识和实践经验对 AI 工具生成的代码进行审阅和修改。以下代码即是对步骤 07 中生成的代码进行人工审阅和修改的结果：

```
1   import requests
2   from bs4 import BeautifulSoup
3   import pandas as pd
4   # 设置请求头，模拟浏览器访问
5   headers = {'User-Agent': 'Mozilla/5.0 (Windows NT 10.0; Win64;
    x64) AppleWebKit/537.36 (KHTML, like Gecko) Chrome/114.0.0.0
    Safari/537.36'}
6   # 指定关键词
7   keyword = '证券交易印花税'
8   # 指定起止页码
9   page_start = 1
10  page_end = 3
11  # 开始多页爬取
12  news_data = []
13  for page in range(page_start, page_end + 1):
14      # 定义目标网址
15      url = f'http://search.zqrb.cn/search.php?src=all&q={key-
        word}&f=title&s=newsdate_DESC&p={page}'
16      # 发起请求并获取网页源代码
17      response = requests.get(url=url, headers=headers)
18      response.encoding = 'utf-8'
19      html = response.text
20      # 使用BeautifulSoup解析页面内容
21      soup = BeautifulSoup(html, 'lxml')
22      # 提取新闻的标题和网址
23      a_elements = soup.select('dl.result-list > dt > a')
24      for a in a_elements:
25          title = a.get_text().strip().split(' ', 1)[-1]  # 清
            洗标题文本，删除开头的数字序号和空格
26          url = a.get('href')
27          news_data.append({'标题': title, '网址': url})
28  # 将数据导出为CSV文件
```

```
29    df = pd.DataFrame(news_data)
30    df.to_csv(f'新闻_{keyword}.csv', index=False, encoding=
      'utf-8-sig')
```

步骤09 **运行代码**。运行步骤 08 的代码，运行完毕后，打开生成的 CSV 文件，可看到爬取的 3 页共 45 条新闻的标题和网址，如图 8-6 所示。

	A	B
1	标题	网址
2	财政部公布2023年前三季度财政收支情况 证券交易印花税同比下降30.8%	http://www.zqrb.cn/finance/hongguanjingji/2023-10-24/A1698151156741.html
3	证券交易印花税今起减半征收	http://epaper.zqrb.cn/html/2023-08/28/content_976773.htm
4	证券交易印花税今起减半征收	http://www.zqrb.cn/stock/gupiaoyaowen/2023-08-28/A1693150587965.html
5	证券交易印花税实施减半征收 专家：将对资本市场形成"立竿见影"提振效果	http://www.zqrb.cn/finance/hongguanjingji/2023-08-27/A1693136246026.html
6	证券交易印花税减半！明日实施	http://www.zqrb.cn/finance/hongguanjingji/2023-08-27/A1693129044983.html
42	1.77万亿元新增专项债额度已下达 前2个月证券交易印花税增逾九成	http://www.zqrb.cn/finance/hongguanjingji/2021-03-19/A1616106796240.html
43	前2个月财政收入逾4万亿元 证券交易印花税同比增90.5%	http://www.zqrb.cn/finance/hongguanjingji/2021-03-19/A1616106160463.html
44	财政部：前2个月证券交易印花税同比增长90.5%	http://www.zqrb.cn/finance/hongguanjingji/2021-03-19/A1616056613647.html
45	去年证券交易印花税1774亿元 同比增44.3%	http://epaper.zqrb.cn/html/2021-01/29/content_698115.htm
46	去年证券交易印花税达1774亿元 创近5年来新高	http://www.zqrb.cn/finance/hongguanjingji/2021-01-29/A1611872165223.html

图 8-6

提 示

代码的编写、运行和调试不会是一帆风顺的，初学者一定要有耐心，并且要善于灵活运用 AI 工具排忧解难。第 2 章中已经讲解了 AI 工具在编程中的多种典型应用场景，包括解读和修改代码、分析报错信息、阅读技术文档等。读者可以在此基础上举一反三，进一步挖掘 AI 工具的应用潜能。

8.2 爬取搜狐的财经要闻

◎ 代码文件：实例文件 \ 08 \ 8.2 \ 爬取搜狐的财经要闻.py、数据清洗.py

搜狐财经致力于提供专业、快捷、全面的财经资讯。本案例将爬取搜狐财经要闻的标题和网址。

步骤01 **判断目标网页的类型**。用谷歌浏览器打开搜狐财经的要闻页面（https://www.sohu.com/xtopic/TURBd01EVTBOREF4），单击顶部的"最新"按钮，切换新闻的排序方式，地址栏中的网址未发生变化，如图 8-7 所示。然后向下滚动页面，页面中会持续加载出新的内容，说明该网页是动态网页。由此可以确定本案例的主要编程思路：使用 Selenium 模块操控浏览器打开目标网页，单击"最新"按钮，然后向下滚动页面并获取网页源代码。

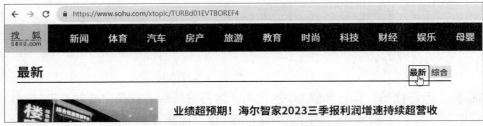

图 8-7

步骤02 **分析"最新"按钮的定位方式**。打开开发者工具，分析网页源代码。可以看到，"最新"按钮和"综合"按钮对应的 <div> 标签都直接从属于一个 class 属性值为"header-sort-container"的 <div> 标签，如图 8-8 所示。使用 find_element() 函数根据 CSS 选择器"div.header-sort-container > div"定位符合条件的第 1 个 <div> 标签，即是"最新"按钮对应的 <div> 标签。

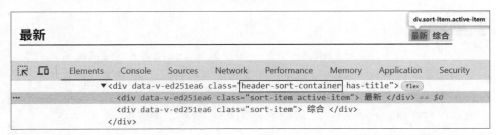

图 8-8

步骤03 **分析包含新闻标题的网页源代码**。继续用开发者工具分析网页源代码，可以看到每条新闻的数据都位于一个 class 属性值为"FeedList"的 <div> 标签中，如图 8-9 所示。

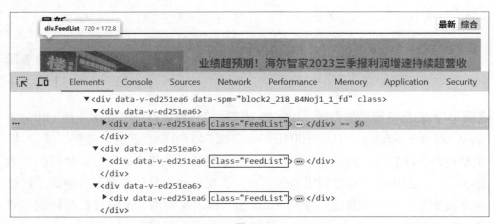

图 8-9

　　展开这些 <div> 标签并查找新闻标题，会发现有两种情况：第 1 种新闻标题位于一个 class 属性值为"item-text-content-title"的 <div> 标签中，如图 8-10 所示；第 2 种新闻标题位于一个 class 属性值为"title"的 <div> 标签中，如图 8-11 所示。经过对比可以发现，这两种 class 属性值都是以"title"结尾的。

```
▼<div data-v-daf2b288 class="item-text-content">
    <div data-v-daf2b288 class="item-text-content-title"> 业绩超预期！海尔智家2023三季报利润增速持续超营收 </div>
  ▶<div data-v-daf2b288 class="item-text-content-description"> … </div>
```

图 8-10

```
▼<div data-v-1f23a1c8 class="content">
    <div data-v-1f23a1c8 class="title">美国汽车业大罢工迎来曙光，工会获得胜利，美国车市将迎来新变革</div> == $0
  ▶<div data-v-1f23a1c8 class="description"> … </div>
```

图 8-11

步骤04 **编写定位新闻标题的 CSS 选择器**。4.5 节只讲解了 CSS 选择器的基本语法知识，使用这些知识无法根据步骤 03 的分析结果编写出 CSS 选择器，此时可以向 AI 工具求助，示例对话如下。根据 AI 工具返回的结果，可编写出定位新闻标题的 CSS 选择器为"div.FeedList div[class$="title"]"。

👤 我正在编写一个 Python 爬虫程序。请帮我编写一个 CSS 选择器，用于定位 class 属性值以"title"结尾的 <div> 标签。

🅰 您可以使用以下 CSS 选择器来实现这个需求，其中的"$"符号表示"结束于"。

```
1    div[class$="title"]
```

步骤05 **编写定位新闻网址的 CSS 选择器**。使用相同的方法分析包含新闻网址的网页源代码，如图 8-12 所示，可编写出定位新闻网址的 CSS 选择器为"div.FeedList > div > a"。

```
▼<div data-v-ed251ea6 class="FeedList">
  ▼<div data-v-daf2b288 data-spm-type="resource" class="tpl-image-text-feed-item" data=[object Object]"
    ▼<a data-v-daf2b288 href="https://www.sohu.com/a/732559695_339728?scm=1101.topic:54401:110039.…919&sp
     1" target="_blank" class="tpl-image-text-feed-item-content" data-spm-data="1"> flex  == $0
      ▶<div data-v-daf2b288 class="item-img-content"> … </div>
```

图 8-12

步骤06 **使用 AI 工具生成爬取数据的代码**。完成上述分析后，通过编写提示词描述项目的需求，然后将提示词输入 AI 工具，让其生成代码。示例提示词如下：

　　你是一名非常优秀的 Python 爬虫工程师，请帮我从搜狐财经要闻爬取新闻的标题和网址。项目的信息和要求如下：

（1）使用 Selenium 模块访问网址 https://www.sohu.com/xtopic/TURB-d01EVTBOREF4，然后使用 CSS 选择器 "div.header-sort-container > div" 定位符合条件的第 1 个 \<div\> 标签并单击此标签，接着向下滚动 2 次页面，最后获取网页源代码。

（2）使用 BeautifulSoup 模块从网页源代码中提取新闻的标题和网址。新闻的标题是一系列 \<div\> 标签的文本，对应的 CSS 选择器为 "div.FeedList div[class$="title"]"。新闻的网址是一系列 \<a\> 标签的 href 属性值，对应的 CSS 选择器为 "div.FeedList > div > a"。

（3）使用 pandas 模块整理数据，并导出成 Excel 工作簿，文件名为 "搜狐财经要闻.xlsx"。

请按上述信息和要求编写 Python 代码，谢谢。

步骤07 **审阅和修改爬取数据的代码**。对 AI 工具生成的代码进行人工审阅和修改，结果如下：

```
1   import time
2   from selenium import webdriver
3   from selenium.webdriver.common.by import By
4   from bs4 import BeautifulSoup
5   import pandas as pd
6   # 访问搜狐财经要闻页面
7   browser = webdriver.Chrome()
8   browser.maximize_window()
9   browser.get('https://www.sohu.com/xtopic/TURBd01EVTBOREF4')
10  time.sleep(3)
11  # 定位第一个符合条件的<div>标签并单击
12  browser.find_element(By.CSS_SELECTOR, 'div.header-sort-
    container > div').click()
13  time.sleep(3)
14  # 向下滚动两次页面
15  for i in range(2):
16      browser.execute_script("window.scrollTo(0, document.
        body.scrollHeight);")
```

```
17        time.sleep(3)
18    # 获取网页源代码
19    html = browser.page_source
20    browser.quit()
21    # 使用BeautifulSoup模块解析HTML代码
22    soup = BeautifulSoup(html, 'lxml')
23    # 提取新闻的标题和网址
24    div_tags = soup.select('div.FeedList div[class$="title"]')
25    a_tags = soup.select('div.FeedList > div > a')
26    data = []
27    for div, a in zip(div_tags, a_tags):
28        title = div.get_text().strip()
29        url = a.get('href')
30        data.append([title, url])
31    # 整理和导出数据
32    df = pd.DataFrame(data, columns=['标题', '网址'])
33    df.to_excel('搜狐财经要闻.xlsx', index=False)
```

步骤08 **运行爬取数据的代码**。运行步骤 07 的代码，运行完毕后，打开生成的工作簿，可看到爬取的 60 条新闻的标题和网址，如图 8-13 所示。

图 8-13

步骤09 **使用 AI 工具生成数据清洗代码**。前面虽然成功地爬取了所需数据，但是爬取到的网址很长。经过试验后发现，将网址中的 "?" 号及其之后的内容删除，并不影响网址的有效性，因此，继续使用 AI 工具生成数据清洗的代码。示例提示词如下：

你是一名非常优秀的 Python 数据分析师，请帮我编写清洗数据的代码。使用 pandas 模块从工作簿 "搜狐财经要闻.xlsx" 中读取数据，然后将 "网址" 列中的字符串按"?"号进行拆分，并且只保留"?"号之前的部分，最后将清洗好的数据导出为"搜狐财经要闻 1.xlsx"。

步骤10 **审阅和修改数据清洗代码**。对 AI 工具生成的数据清洗代码进行人工审阅和修改，结果如下：

```python
import pandas as pd
# 加载工作簿数据到DataFrame中
df = pd.read_excel('搜狐财经要闻.xlsx')
# 将"网址"列中的字符串按照"?"号进行拆分，并保留前半部分
df['网址'] = df['网址'].str.split('?', n=1).str.get(0)
# 将清洗后的DataFrame导出为新的工作簿
df.to_excel('搜狐财经要闻1.xlsx', index=False)
```

步骤11 **运行数据清洗代码**。运行步骤 10 的代码，运行完毕后，打开生成的工作簿，可看到按要求清洗好的数据，如图 8-14 所示。

	A	B
1	标题	网址
2	业绩超预期！海尔智家2023三季报利润增速持续超营收	https://www.sohu.com/a/732559695_339728
3	欧菲光第三季营收45亿：净利5432万 靠华为Mate 60系列翻身	https://www.sohu.com/a/732569627_430392
4	净利润同比增8成，营收海外持续高增、国内转正， 中联重科三季度表现亮眼	https://www.sohu.com/a/732563711_120808812
5	芯片医药大涨，科创板100发威	https://www.sohu.com/a/732558044_115362
6	ETF规模速报 ｜ 医疗、半导体、医药ETF份额减少逾10亿份，恒生互联网ETF份额创新高	https://www.sohu.com/a/732544795_115362
57	华侨城乐与怒 主题乐园地产的过山车	https://www.sohu.com/a/732264491_655634
58	每天净赚近3亿元！华为前三季利润较去年翻三倍：你贡献了多少	https://www.sohu.com/a/732252928_163726
59	担忧高利率将更持久，美联储下周大概率仍暂停加息	https://www.sohu.com/a/732236753_116062
60	利润730.56亿，暴涨205.33% 华为2023年前三季度经营业绩发布	https://www.sohu.com/a/732204636_392936
61	华为每天净赚近3亿元，前三季度财报利润翻两倍，你贡献了多少？	https://www.sohu.com/a/732189015_120651198
62		

图 8-14

8.3 爬取东方财富网的财务报表

 ◎ 代码文件：实例文件 \ 08 \ 8.3 \ 爬取东方财富网的财务报表.py、数据清洗.py

投资者通过研究上市公司的财务报表，可以深入了解公司的盈利能力、财务稳定性及未来发展潜力，从而做出更准确的投资决策。本案例将从东方财富网的数据中心爬取上市公司的财务报表。

步骤01 **打开 2022 年年报页面**。用谷歌浏览器打开东方财富网的数据中心页面

（https://data.eastmoney.com/center/），❶在页面左侧的菜单栏中单击"年报季报"，❷在展开的子菜单中单击要查看的报表类别，这里单击"2022 年年报"，如图 8-15 所示。

图 8-15

步骤 02 **查看更多年报数据**。打开 2022 年年报页面后，单击右侧的"更多"链接，如图 8-16 所示。

图 8-16

步骤 03 **选择资产负债表**。在打开的页面中可以看到 2022 年年报分为业绩报表、业绩快报、业绩预告等 7 种，单击报表名可查看相应的数据表格，每种报表的数据表格又分为多页。这里以资产负债表为例进行讲解。单击"资产负债表"，进入如图 8-17 所示的页面，其网址为 https://data.eastmoney.com/bbsj/202212/zcfz.html。

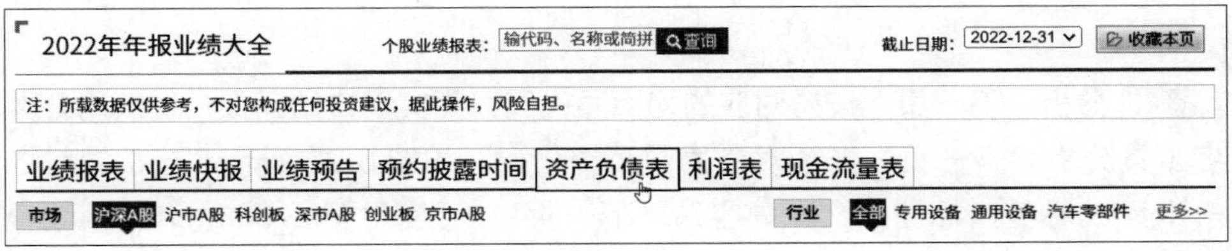

图 8-17

步骤 04 **判断目标网页的类型**。用页面底部的翻页按钮进行翻页，会发现地址栏中的网址始终不变，如图 8-18 所示。这说明该页面的内容是动态加载的，适合用 Selenium 模块获取网页源代码。

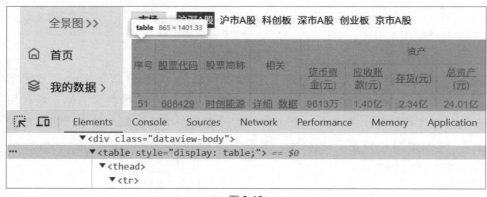

图 8-18

步骤 05 **分析数据表格对应的网页源代码**。用开发者工具分析数据表格对应的网页源代码，可看到表格是用 <table> 标签定义的（见图 8-19），可使用 pandas 模块的 read_html() 函数进行提取。这个 <table> 标签有一个 style 属性，其值为 "display: table;"，可利用此属性筛选提取到的表格。但要注意的是，页面中有两个具有此属性的 <table> 标签，第 2 个 <table> 标签才是包含所需数据的表格。

图 8-19

步骤 06 **分析 "下一页" 按钮对应的网页源代码**。为实现自动翻页，继续用开发者工具分析 "下一页" 按钮对应的网页源代码。如图 8-20 所示，该按钮对应一个 <a> 标签，标签的文本内容是 "下一页"，可使用 find_element() 函数根据链接文本定位该按钮（参见表 5-1）。

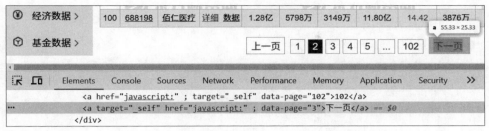

图 8-20

步骤07 **使用 AI 工具生成爬取数据的代码。**完成上述分析后，通过编写提示词描述项目的需求，然后将提示词输入 AI 工具，让其生成代码。示例提示词如下：

你是一名非常优秀的 Python 爬虫工程师，请帮我从东方财富网爬取资产负债表。项目的信息和要求如下：

（1）使用 Selenium 模块访问网址 https://data.eastmoney.com/bbsj/202212/zcfz.html，获取前 3 页的网页源代码，并存放到一个列表中。翻页方式是使用 find_element() 函数根据链接文本"下一页"定位"下一页"按钮并单击此按钮。

（2）遍历前面获得的网页源代码列表，使用 pandas 模块的 read_html() 函数从每一页网页源代码中提取数据表格，提取时使用属性值 style="display: table;" 筛选数据表格，并从筛选结果中选取第 2 个表格，存放到一个新的列表中。

（3）使用 pandas 模块合并列表中的数据，然后导出成 CSV 文件，文件名为"2022 年资产负债表.csv"，使用编码格式 utf-8-sig。

请按上述信息和要求编写 Python 代码，谢谢。

步骤08 **审阅和修改爬取数据的代码。**对 AI 工具生成的代码进行人工审阅和修改，结果如下：

```
1   import time
2   from io import StringIO
3   from selenium import webdriver
4   from selenium.webdriver.common.by import By
5   import pandas as pd
6   # 打开目标网页
7   browser = webdriver.Chrome()
8   browser.maximize_window()
9   browser.get('https://data.eastmoney.com/bbsj/202212/zcfz.
```

```
    html')
10  # 获取前3页的网页源代码
11  html_list = []
12  max_page = 3
13  for page in range(1, max_page + 1):
14      time.sleep(3)
15      html_list.append(browser.page_source)
16      if page < max_page:
17          next_page = browser.find_element(By.LINK_TEXT, '下
            一页')
18          next_page.click()
19  browser.quit()
20  # 从网页源代码中提取数据表格
21  data_list = []
22  for html in html_list:
23      table_list = pd.read_html(io=StringIO(html), attrs=
        {'style': 'display: table;'})
24      data = table_list[1]
25      data_list.append(data)
26  # 合并所有数据并导出
27  df = pd.concat(objs=data_list, ignore_index=True)
28  df.to_csv('2022年资产负债表.csv', index=False, encoding=
    'utf-8-sig')
```

步骤09 **运行爬取数据的代码**。运行步骤 08 的代码，运行完毕后，打开生成的 CSV 文件，可看到爬取的 3 页共 150 家上市公司的资产负债表数据，如图 8-21 所示。但是数据还存在一些问题，如双重表头、列标签中有多余空格等。

	A	B	C	D	E	F	G	H	I	J	K	L	M	N	O	P
1	序号	股票代码	股票简称	相关	资产	资产	资产	资产	资产	负债	负债	负债	负债	资产负债率(%)	股东权益合计(元)	公告日期
2	序号	股票代码	股票简称	相关	货币资金(元)	应收账款(元)	存货(元)	总资产(元)	总资产同比(%)	应付账款(元)	预收账款(元)	总负债(元)	总负债同比(%)	资产负债率(%)	股东权益合计(元)	公告日期
3	1	688146	中船特气	详细 数据	6.38亿	4.16亿	2.57亿	28.43亿	17.79	3.01亿	-	5.53亿	9.318	19.46	22.90亿	11月1日
4	2	603273	天元智能	详细 数据	3.46亿	1.50亿	2.57亿	9.76亿	-17.66	1.46亿	-	6.30亿	-31.2	64.6	3.45亿	11月1日
5	3	2538	司尔特	详细 数据	10.22亿	5974万	8.15亿	69.43亿	-7.317	2.74亿	1.71万	15.97亿	-34.9	23	53.46亿	11月1日
150	148	688026	洁特生物	详细 数据	5.99亿	1.05亿	1.25亿	16.05亿	35.99	6363万	-	4.65亿	122.98	28.98	11.40亿	10月31日
151	149	688025	杰普特	详细 数据	3.01亿	3.77亿	6.97亿	24.44亿	6.182	1.85亿	-	6.13亿	6.6	25.07	18.32亿	10月31日
152	150	688022	瀚川智能	详细 数据	1.37亿	7.54亿	8.91亿	30.06亿	41.67	5.62亿	-	19.83亿	66.15	65.97	10.23亿	10月31日

图 8-21

步骤 10 **使用 AI 工具生成数据清洗代码**。继续使用 AI 工具生成数据清洗的代码。示例提示词如下：

你是一名非常优秀的 Python 数据分析师，请帮我编写使用 pandas 模块清洗数据的代码。需要完成的操作如下：

（1）从"2022 年资产负债表.csv"中读取数据，将数据的第 2 行设置为表头。

（2）删除所有列标签中的空格。

（3）对"股票代码"列的数据进行前端补零，直至其长度达到 6。

（4）删除"相关"列。

（5）将清洗好的数据导出为"2022 年资产负债表.xlsx"。

步骤 11 **审阅和修改数据清洗代码**。对 AI 工具生成的数据清洗代码进行人工审阅和修改，结果如下：

```
1   import pandas as pd
2   # 读取CSV文件并设置第2行为表头
3   df = pd.read_csv('2022年资产负债表.csv', header=1)
4   # 删除所有列标签中的空格
5   df.columns = df.columns.str.replace(pat=' ', repl='', regex=
    False)
6   # 对"股票代码"列的数据进行前端补零，直至其长度达到6
7   df['股票代码'] = df['股票代码'].astype(dtype='string').str.
    zfill(width=6)
8   # 删除"相关"列
9   df = df.drop(columns=['相关'])
10  # 将清洗好的数据导出为Excel工作簿
11  df.to_excel('2022年资产负债表.xlsx', index=False)
```

步骤 12 **运行数据清洗代码**。运行步骤 11 的代码，运行完毕后，打开生成的工作簿，可看到按要求清洗好的数据，如图 8-22 所示。

	A序号	B股票代码	C股票简称	D货币资金(元)	E应收账款(元)	F存货(元)	G总资产(元)	H总资产同比(%)	I应付账款(元)	J预收账款(元)	K总负债(元)	L总负债同比(%)	M资产负债率(%)	N股东权益合计(元)	O公告日期
2	1	688146	中船特气	6.38亿	4.16亿	2.57亿	28.43亿	17.79	3.01亿	—	5.53亿	9.318	19.46	22.90亿	11-01
3	2	603273	天元智能	3.46亿	1.50亿	1.96亿	9.76亿	-17.66	1.46亿	—	6.30亿	-31.2	64.6	3.45亿	11-01
4	3	002538	司尔特	10.22亿	5974万	8.15亿	69.43亿	-7.317	2.74亿	1.71万	15.97亿	-34.9	23	53.46亿	11-01
149	148	688026	洁特生物	5.99亿	1.05亿	1.25亿	16.05亿	35.99	6363万	—	4.65亿	122.98	28.98	11.40亿	10-31
150	149	688025	杰普特	3.01亿	3.77亿	6.97亿	24.44亿	6.182	1.85亿	—	6.13亿	6.6	25.07	18.32亿	10-31
151	150	688022	湘川智能	1.37亿	7.54亿	8.91亿	30.06亿	41.67	5.62亿	—	19.83亿	66.15	65.97	10.23亿	10-31

图 8-22

8.4　爬取新浪财经的上市公司盈利能力数据

◎ 代码文件：实例文件 \ 08 \ 8.4 \ 爬取新浪财经的上市公司盈利能力数据.py

衡量上市公司盈利能力的指标主要有净资产收益率、净利率、毛利率、净利润等。本案例将从新浪财经爬取上市公司的盈利能力数据。

步骤01 判断目标网页的类型。用谷歌浏览器打开新浪财经数据中心的盈利能力数据页面（https://vip.stock.finance.sina.com.cn/q/go.php/vFinanceAnalyze/kind/profit/index.phtml），在顶部的下拉列表框中可以筛选行业、地域和概念，并设置报告期，这里不做筛选，设置查看 2022 年的年报，如图 8-23 所示。向下滚动页面，没有加载新的内容，用右键快捷菜单显示的网页源代码也包含页面中的数据，说明该网页是静态的，可以使用 Requests 模块获取网页源代码。

图 8-23

步骤02 分析目标网页的编码格式。在右键快捷菜单显示的网页源代码中可以看到目标网页的编码格式为 GB2312，如图 8-24 所示。在编写代码时可以将编码格式设置成 gbk。

```
3  <head>
4      <meta http-equiv="Content-type" content="text/html; charset=GB2312" />
5      <title>盈利能力 - 数据中心 - 新浪财经</title>
6      <meta name="keywords" content="投资评级,机构评级,沪深A股,A股,股票评级,股票投资评级,研究报告,
```

图 8-24

步骤03 分析包含数据的网页源代码。在网页中可以直观地看到要爬取的数据是以表格形式存在的。用开发者工具分析数据表格对应的网页源代码，可看到表格是用 <table> 标签定义的（见图 8-25），可使用 pandas 模块的 read_html() 函数进行提取。这个 <table> 标签有一个 id 属性，其值为"dataTable"，利用此属性可筛选出唯一的表格。

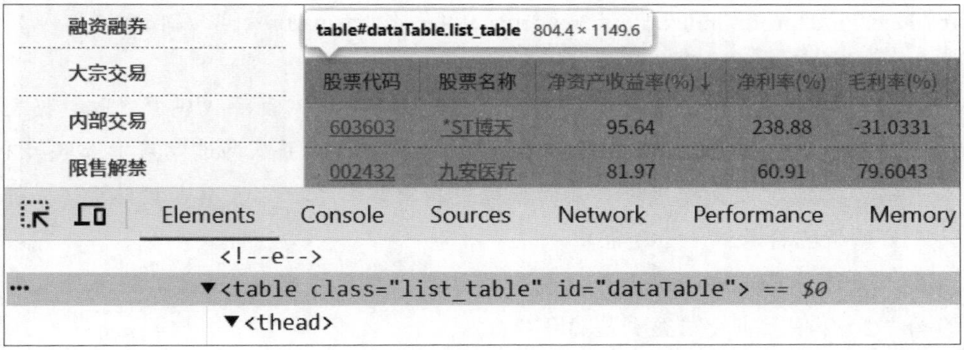

图 8-25

步骤04 **分析网址的格式**。为实现多页数据的爬取，还需要分析网址的格式。❶利用表格底部的翻页按钮切换至第 2 页，❷地址栏中的网址变为 https://vip.stock.finance.sina.com.cn/q/go.php/vFinanceAnalyze/kind/profit/index.phtml?s_i=&s_a=&s_c=&reportdate=2022&quarter=4&p=2，如图 8-26 所示。继续翻至其他页码并更改筛选条件和报告期，观察网址的变化规律，可以总结出网址中各个参数的含义：参数 s_i、s_a、s_c 分别对应筛选条件中的行业、地域、概念，如果不需要做筛选，可将这 3 个参数删除；参数 reportdate 和 quarter 分别对应报告期中的年份和季度，其中 quarter 的值为 1 ～ 4 的整数，分别代表一季报、中报、三季报、年报；参数 p 对应页码。

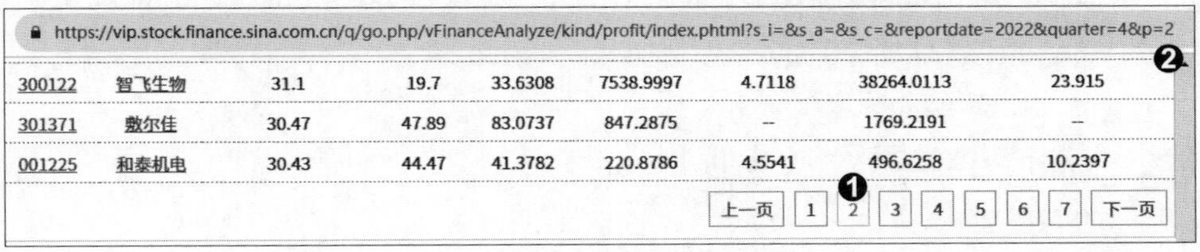

图 8-26

步骤05 **使用 AI 工具生成爬虫代码**。完成上述分析后，通过编写提示词描述爬虫项目的需求，然后将提示词输入 AI 工具，让其生成代码。根据之前的案例积累的经验，爬取股票代码时容易出现开头的 0 丢失的情况，这里选择直接在提示词中描述相关的数据清洗需求。示例提示词如下：

你是一名非常优秀的 Python 爬虫工程师，请帮我从新浪财经爬取盈利能力数据。项目的信息和要求如下：

（1）使用 Requests 模块访问目标网页，获取前 3 页的网页源代码，编码格式为 gbk。网址的格式为 https://vip.stock.finance.sina.com.cn/q/go.php/vFinance-

Analyze/kind/profit/index.phtml?reportdate={年份}&quarter={季度}&p={页码}，其中，"年份"取值2022，"季度"取值4。

（2）使用 pandas 模块的 read_html() 函数从每一页网页源代码中提取数据表格，提取时使用属性值 id="dataTable" 筛选数据表格，并从筛选结果中选取第1个表格，然后对"股票代码"列的数据进行前端补零，直至其长度达到6。将清洗好的数据存放到一个列表中。

（3）使用 pandas 模块合并列表中的数据，然后导出成 Excel 工作簿，文件名为"2022年上市公司盈利能力年报.xlsx"。

请按上述信息和要求编写 Python 代码，谢谢。

步骤06 审阅和修改爬虫代码。 对 AI 工具生成的爬虫代码进行人工审阅和修改，结果如下：

```
1   import requests
2   import pandas as pd
3   from io import StringIO
4   import time
5   # 设置请求头，模拟浏览器访问
6   headers = {'User-Agent': 'Mozilla/5.0 (Windows NT 10.0; Win64;
    x64) AppleWebKit/537.36 (KHTML, like Gecko) Chrome/114.0.0.0
    Safari/537.36'}
7   # 指定年份和季度
8   year = 2022
9   quarter = 4
10  # 指定起止页码
11  page_start = 1
12  page_end = 3
13  # 开始多页爬取
14  data_list = []
15  for page in range(page_start, page_end + 1):
16      # 定义目标网址
17      url = f'https://vip.stock.finance.sina.com.cn/q/go.php/
        vFinanceAnalyze/kind/profit/index.phtml?reportdate=
```

```
     {year}&quarter={quarter}&p={page}'
18   # 发起请求并获取网页源代码
19   response = requests.get(url=url, headers=headers)
20   response.encoding = 'gbk'
21   html = response.text
22   # 从网页源代码中提取数据表格
23   table_list = pd.read_html(io=StringIO(html), attrs=
     {'id': 'dataTable'})
24   data = table_list[0]
25   data['股票代码'] = data['股票代码'].astype(dtype=
     'string').str.zfill(width=6)
26   data_list.append(data)
27   # 适当暂停，以免触发反爬
28   time.sleep(3)
29 # 合并所有数据并导出
30 df = pd.concat(objs=data_list, ignore_index=True)
31 df.to_excel('2022年上市公司盈利能力年报.xlsx', index=False)
```

步骤07 **运行爬虫代码**。运行步骤 06 的代码，运行完毕后，打开生成的工作簿，可看到爬取的 3 页共 120 家上市公司的盈利能力数据，如图 8-27 所示。

	A	B	C	D	E	F	G	H	I
1	股票代码	股票名称	净资产收益率(%)↓	净利率(%)	毛利率(%)	净利润(百万元)	每股收益(元)	营业收入(百万元)	每股主营业务收入(元)
2	603603	*ST博天	95.64	238.88	-31.0331	1597.1135	--	668.5562	--
3	002432	九安医疗	81.97	60.91	79.6043	16030.1691	33.0839	26315.3609	54.3111
4	002192	融捷股份	78.94	81.53	52.0643	2439.9393	9.3968	2992.3963	11.5244
119	300316	晶盛机电	27.13	27.48	39.6485	2923.6464	2.2339	10638.3103	8.1288
120	002049	紫光国微	27.12	36.96	63.8005	2631.8913	3.0977	7119.9052	8.3802
121	300769	德方纳米	27	10.55	20.0475	2380.1986	13.6988	22557.0781	129.8234
122									

图 8-27

8.5　批量下载上海证券交易所的问询函

◎　代码文件：实例文件 \ 08 \ 8.5 \ 爬取问询函标题和文件网址.py、批量下载文件.py

　　问询函是上市公司的监管机构（如上海证券交易所）在发现上市公司存在经营风险或财务舞弊行为时向公司发出的一种函件，要求公司就此作出解释并提供相关信息。它是了解上市公司基本情况的一个重要渠道。本案例将从上海证券交易所的网站批量下载问询函文件。

步骤01 **打开"监管问询"页面**。用谷歌浏览器打开上海证券交易所的"监管问询"页面（http://www.sse.com.cn/disclosure/credibility/supervision/inquiries/），可以看到问询函的基本信息，如图 8-28 所示。

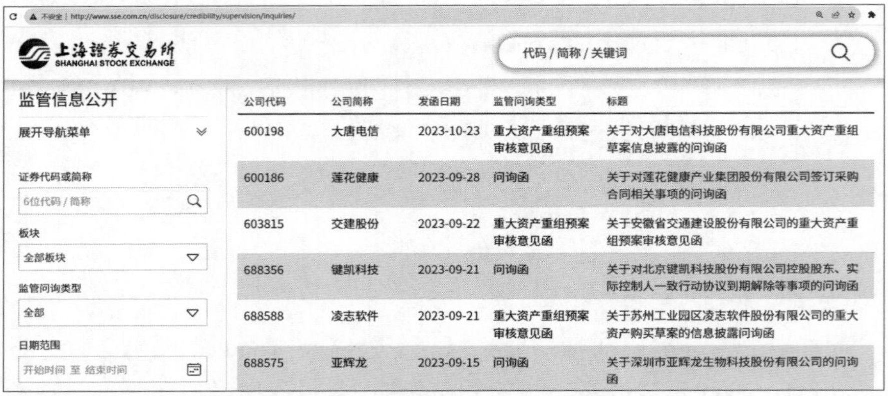

図 8-28

步骤02 **查看问询函文件**。在"监管问询"页面中单击某一封问询函的标题链接，会在新标签页中打开相应的 PDF 文件，如图 8-29 所示。此时地址栏中扩展名为".pdf"的网址就是该问询函文件的网址，使用 Requests 模块请求该网址即可下载文件。本案例要解决的关键问题则是如何从"监管问询"页面中爬取文件的网址。

图 8-29

步骤 03 **判断目标网页的类型**。返回"监管问询"页面，用页面底部的翻页链接进行翻页，会发现地址栏中的网址始终不变，如图 8-30 所示。这说明该页面的内容是动态加载的，适合用 Selenium 模块获取网页源代码。

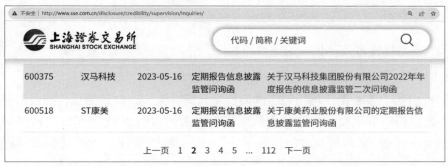

图 8-30

步骤 04 **分析包含文件网址的网页源代码**。接下来需要寻找文件的网址在网页源代码中的位置，为编写正则表达式提取数据做准备。打开开发者工具，分析任意一封问询函的标题链接对应的网页源代码，如图 8-31 所示。

图 8-31

步骤 05 **编写提取数据的正则表达式**。经过观察，发现标题链接对应的网页源代码有如下规律：

```
1    <a class="table_titlewrap" href="文件网址" target="_blank">
     问询函标题</a>
```

本案例要下载文件，故而涉及如何命名文件的问题。使用问询函标题作为文件名是一个不错的选择，因此，除了提取文件网址，还需要提取问询函标题。

根据上述规律分别编写出提取问询函标题和文件网址的正则表达式，具体如下：

```
1   <a class="table_titlewrap" href=".*?" target="_blank">
    (.*?)</a>
2   <a class="table_titlewrap" href="(.*?)" target="_blank">.
    *?</a>
```

大多数操作系统都会规定一些不可在文件名中使用的特殊字符，因此，提取到问询函标题后还需要进行数据清洗，删除这类特殊字符。

步骤06 **分析"下一页"按钮对应的网页源代码**。为实现自动翻页，继续用开发者工具分析"下一页"按钮对应的网页源代码。如图 8-32 所示，该按钮对应一个 <a> 标签，该标签又直接从属于一个 class 属性值为"next"的 <li> 标签，可使用 find_element() 函数根据 CSS 选择器"li.next > a"定位该按钮。

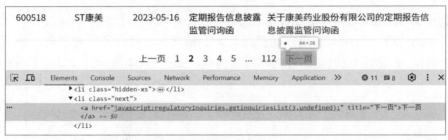

图 8-32

步骤07 **使用 AI 工具生成爬取数据的代码**。完成上述分析后，通过编写提示词描述项目的需求，然后将提示词输入 AI 工具，让其生成代码。示例提示词如下：

你是一名非常优秀的 Python 爬虫工程师，请帮我从上海证券交易所的"监管问询"页面爬取问询函的标题和文件网址。项目的信息和要求如下：

（1）使用 Selenium 模块访问目标网址 http://www.sse.com.cn/disclosure/credibility/supervision/inquiries/，获取前 3 页的网页源代码。翻页方式是使用 find_element() 函数根据 CSS 选择器"li.next > a"定位"下一页"按钮并单击此按钮。

（2）使用 re 模块根据如下正则表达式从每一页网页源代码中提取数据。

问询函标题：<a class="table_titlewrap" href=".*?" target="_blank">(.*?)</a>

文件网址：<a class="table_titlewrap" href="(.*?)" target="_blank">.*?</a>

使用 pandas 模块将提取的数据转换成 DataFrame，并存放到一个列表中。

（3）使用 pandas 模块合并列表中的数据，然后对"问询函标题"列进行数据清洗，删除 Windows 中禁止用于文件命名的特殊字符，最后将数据导出成 Excel 工作簿，文件名为"上交所问询函.xlsx"。

请按上述信息和要求编写 Python 代码，谢谢。

步骤08 **审阅和修改爬取数据的代码。** 对 AI 工具生成的代码进行人工审阅和修改，结果如下：

```
1   from selenium import webdriver
2   from selenium.webdriver.common.by import By
3   import time
4   import re
5   import pandas as pd
6   # 访问"监管问询"页面
7   browser = webdriver.Chrome()
8   browser.maximize_window()
9   browser.get('http://www.sse.com.cn/disclosure/credibility/
    supervision/inquiries/')
10  # 给出爬取的页数
11  max_page = 3
12  # 开始多页爬取
13  data_list = []
14  for page in range(1, max_page + 1):
15      # 获取网页源代码
16      time.sleep(3)
17      html = browser.page_source
18      # 从网页源代码中提取问询函标题和文件网址
19      title_pattern = '<a class="table_titlewrap" href=".*?"
        target="_blank">(.*?)</a>'
20      title_list = re.findall(title_pattern, html, re.S)
21      url_pattern = '<a class="table_titlewrap" href="(.*?)"
        target="_blank">.*?</a>'
22      url_list = re.findall(url_pattern, html, re.S)
23      data = {'问询函标题': title_list, '文件网址': url_list}
```

```
24      data = pd.DataFrame(data)
25      data_list.append(data)
26      # 单击"下一页"按钮进行翻页
27      if page < max_page:
28          next_page = browser.find_element(By.CSS_SELECTOR,
            'li.next > a')
29          next_page.click()
30  browser.quit()
31  # 进行数据的合并、清洗和导出
32  df = pd.concat(objs=data_list, ignore_index=True)
33  df['问询函标题'] = df['问询函标题'].str.replace(pat=r'[\\/:*
    ?"<>|]', repl='', regex=True)
34  df.to_excel('上交所问询函.xlsx', index=False)
```

步骤09 **运行爬取数据的代码**。运行步骤 08 的代码，运行完毕后，打开生成的
工作簿，可看到爬取的 3 页共 75 封问询函的标题和文件网址，如图 8-33 所示。

	A 问询函标题	B 文件网址	C
2	关于对大唐电信科技股份有限公司重大资产重组草案信息披露的问询函	http://www.sse.com.cn/disclosure/credibility/supervision/inquiries/maarao /c/8150028823119931.pdf	
3	关于对莲花健康产业集团股份有限公司签订采购合同相关事项的问询函	http://www.sse.com.cn/disclosure/credibility/supervision/inquiries/enquiry /c/8149784484136340.pdf	
4	关于安徽省交通建设股份有限公司的重大资产重组预案审核意见函	http://www.sse.com.cn/disclosure/credibility/supervision/inquiries/maarao /c/8149723399465450.pdf	
5	关于对北京键凯科技股份有限公司控股股东、实际控制人一致行动协议到 期解除等事项的问询函	http://www.sse.com.cn/disclosure/credibility/supervision/inquiries/enquiry /c/8149723399376802.pdf	
6	关于苏州工业园区凌志软件股份有限公司的重大资产购买草案的信息披露 问询函	http://www.sse.com.cn/disclosure/credibility/supervision/inquiries/maarao /c/8149723393115673.pdf	
72	关于汉马科技集团股份有限公司的定期报告信息披露监管问询函	http://www.sse.com.cn/disclosure/credibility/supervision/inquiries/opinion /c/8148440612052451.pdf	
73	关于烟台园城黄金股份有限公司资产收购事项的问询函	http://www.sse.com.cn/disclosure/credibility/supervision/inquiries/enquiry /c/8148318449077325.pdf	
74	关于福建龙净环保股份有限公司的问询函	http://www.sse.com.cn/disclosure/credibility/supervision/inquiries/enquiry /c/8148318448941012.pdf	
75	关于济南恒誉环保科技股份有限公司2022年年度报告的事后审核问询函	http://www.sse.com.cn/disclosure/credibility/supervision/inquiries/opinion /c/8148257363981169.pdf	
76	关于对上海晶丰明源半导体股份有限公司使用自有资金收购参股公司部分 股权事项的二次问询函	http://www.sse.com.cn/disclosure/credibility/supervision/inquiries/enquiry /c/8148257363946968.pdf	
77			

图 8-33

步骤10 **使用 AI 工具生成下载文件的代码**。获得问询函的文件网址后，继续使
用 AI 工具生成下载文件的代码。示例提示词如下：

　　你是一名非常优秀的 Python 爬虫工程师，请帮我从上海证券交易所的网
站批量下载问询函文件。项目的信息和要求如下：

　　（1）使用 pathlib 模块创建一个文件夹"问询函文件"，用于存放所下载的
文件。

（2）使用 pandas 模块从工作簿"上交所问询函.xlsx"中读取数据，数据有两列，分别为"问询函标题"和"文件网址"。

（3）使用 Requests 模块根据"文件网址"列中的网址下载文件，并存放到前面创建的文件夹下，文件的命名格式为"{序号}.{问询函标题}.pdf"。每下载完一个文件就输出相应信息。

请按上述信息和要求编写 Python 代码，谢谢。

步骤 11 **审阅和修改下载文件的代码**。对 AI 工具生成的代码进行人工审阅和修改，结果如下：

```
1   from pathlib import Path
2   import requests
3   import pandas as pd
4   import time
5   # 创建存放下载文件的文件夹
6   output_dir = Path('问询函文件')
7   output_dir.mkdir(parents=True, exist_ok=True)
8   # 从工作簿中读取数据
9   df = pd.read_excel('上交所问询函.xlsx')
10  # 设置请求头
11  headers = {'User-Agent': 'Mozilla/5.0 (Windows NT 10.0; Win64;
    x64) AppleWebKit/537.36 (KHTML, like Gecko) Chrome/114.0.0.0
    Safari/537.36'}
12  # 遍历读取的数据
13  for r in range(df.shape[0]):
14      # 从数据中提取一行并转换成字典
15      row = df.iloc[r].to_dict()
16      # 根据网址下载文件
17      response = requests.get(url=row['文件网址'], headers=
        headers)
18      # 构造文件保存路径
19      file_path = output_dir / f"{r + 1}.{row['问询函标题']}.
        pdf"
```

```
20        # 保存文件
21        with open(file=file_path, mode='wb') as f:
22            f.write(response.content)
23        print(f'下载完成：{file_path}')
24        # 适当暂停，以免触发反爬
25        time.sleep(2)
```

步骤12 运行下载文件的代码。运行步骤 11 的代码，运行完毕后，打开生成的文件夹"问询函文件"，可看到 75 封问询函的 PDF 文件，如图 8-34 所示。

图 8-34

8.6 批量下载东方财富网的研报

 ◎ 代码文件：实例文件＼08＼8.6＼爬取研报数据.py、批量下载文件.py

研报是由证券公司的研究人员撰写的研究报告，其内容一般为对证券及其相关产品的价值分析和投资评级意见。本案例将从东方财富网批量下载指定上市公司的研报文件。

步骤01 搜索指定上市公司的研报。用谷歌浏览器打开东方财富网的"研报中心"页面（https://data.eastmoney.com/report/），❶在"个股研报搜索"搜索框中输入上市公司的股票代码，如"长城汽车"的"601633"，❷单击"查询"按钮，如图 8-35 所示。

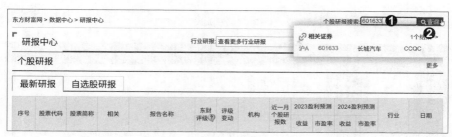

图 8-35

步骤02 **查看研报明细**。❶在新标签页中打开"长城汽车"的研报明细数据页面，❷单击某一份研报的标题链接，如图 8-36 所示。

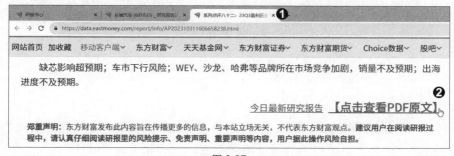

图 8-36

步骤03 **查看研报详情页**。❶在新标签页中打开研报详情页，❷单击页面底部的"【点击查看 PDF 原文】"链接，如图 8-37 所示。

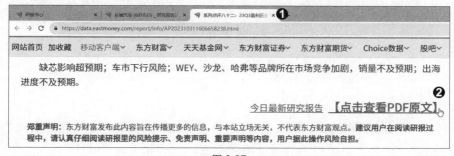

图 8-37

步骤04 **查看研报文件**。在新标签页中打开 PDF 格式的研报文件，如图 8-38 所示。这说明研报详情页中"【点击查看 PDF 原文】"链接的网址就是用于下载研报文件的网址。

图 8-38

　　根据上述操作步骤，可以梳理出本案例的大致流程：访问"研报中心"页面，搜索某家上市公司的股票代码；转到打开的研报明细数据页面，获取网页源代码并提取研报数据，其中的关键数据是研报详情页的网址；根据提取的详情页网址访问详情页，获取网页源代码并提取研报文件网址；根据文件网址下载文件。整个流程涉及的页面和元素较多，下面逐个进行分析。

步骤05 **分析"研报中心"页面**。返回"研报中心"页面，为了实现自动搜索股票代码，用开发者工具分析搜索框和"查询"按钮对应的网页源代码，发现这两个元素都是由 <input> 标签定义的，如图 8-39 所示。根据 <input> 标签的 class 属性值可以编写出定位这两个网页元素的 CSS 选择器，分别为"input.sinput.noieclear"和"input.submit_new_btn"。

图 8-39

步骤06 **分析研报明细数据页面**。切换至研报明细数据页面，单击页面底部的翻页按钮进行翻页，地址栏中的网址始终不变，说明此页面是动态页面，适合用 Selenium 模块获取网页源代码。用开发者工具分析数据表格对应的网页源代码，发现该表格是由一个 <table> 标签定义的，该标签的特征是 class 属性值为"table-model"，如图 8-40 所示，可使用 pandas 模块的 read_html() 函数快速提取该表格。

图 8-40

步骤07 **分析标题链接**。为了提取研报详情页的网址，继续分析标题链接对应的网页源代码，发现该链接是由一个 <a> 标签定义的，但是该标签本身没有明显的特征，需要借助其他标签来定位。根据 <a> 标签所处的结构层次（见图 8-41），利用 AI 工具编写 CSS 选择器，示例对话如下：

👤 我正在编写一个 Python 爬虫程序。请帮我编写一个 CSS 选择器，依次定位如下标签：class 属性值为 "table-model" 的 <table> 标签→ <tbody> 标签→ <tr> 标签→第 2 个 <td> 标签→ <a> 标签。

🅰️ 您可以使用以下 CSS 选择器来实现这个需求，其中用 "nth-child(n)" 选择父元素的第 n 个子元素。

```
1    table.table-model > tbody > tr > td:nth-child(2) > a
```

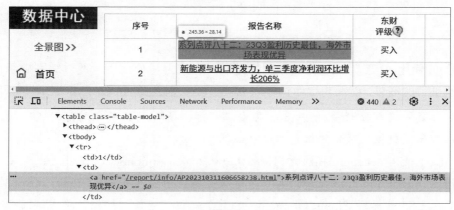

图 8-41

从图 8-41 中还可以看出，标题链接中的网址缺少前缀 "https://data.east-money.com"，需要进行补全。

步骤 08 **分析"下一页"按钮。** 为了实现自动翻页，继续分析研报明细数据页面的"下一页"按钮对应的网页源代码。如图 8-42 所示，该按钮对应一个 <a> 标签，标签的文本内容是"下一页"，可使用 find_element() 函数根据链接文本定位该按钮（参见表 5-1）。

图 8-42

步骤 09 **分析研报详情页。** 切换至研报详情页，用浏览器的右键快捷菜单查看网页源代码，可看到其中包含研报文件的网址，如图 8-43 所示。这说明该页面是静态页面，可以用 Requests 模块获取网页源代码。此外，"【点击查看 PDF 原文】"链接对应一个 <a> 标签，该标签的特征是 class 属性值为"rightlab"，可以用 BeautifulSoup 模块根据 CSS 选择器"a.rightlab"定位该标签并提取研报文件的网址，交给 Requests 模块进行下载。

图 8-43

步骤 10 **使用 AI 工具生成爬取数据的代码。** 完成上述分析后，通过编写提示词描述项目的需求，然后将提示词输入 AI 工具，让其生成代码。示例提示词如下：

你是一名非常优秀的 Python 爬虫工程师，请帮我从东方财富网爬取指定股票的研报数据。项目的信息和要求如下：

（1）使用 Selenium 模块访问网址 https://data.eastmoney.com/report/，用 CSS 选择器"input.sinput.noieclear"定位搜索框并在框中输入股票代码，如"601633"，然后用 CSS 选择器"input.submit_new_btn"定位"查询"按钮并单击该按钮。

（2）切换到打开的新标签页中，获取前两页的网页源代码，并存放到一个列表中。翻页方式是使用 find_element() 函数根据链接文本"下一页"定位"下一页"按钮并单击此按钮。

（3）遍历前面获得的网页源代码列表，使用 pandas 模块的 read_html() 函数从每一页网页源代码中提取数据表格，提取时使用属性值 class="table-model" 筛选数据表格，并选取返回的第 1 个 DataFrame。然后使用 BeautifulSoup 模块根据 CSS 选择器 "table.table-model > tbody > tr > td:nth-child(2) > a" 定位 <a> 标签，并从 <a> 标签的 href 属性值中提取网址，将提取的网址添加到 DataFrame 中作为"详情页"列。最后将 DataFrame 存放到一个新的列表中。

（4）使用 pandas 模块合并列表中的数据，然后在"详情页"列的网址前方拼接字符串 "https://data.eastmoney.com"，最后将数据导出成 CSV 文件，文件名为"研报数据_{股票代码}.csv"，使用编码格式 utf-8-sig。

请按上述信息和要求编写 Python 代码，谢谢。

步骤 11 **审阅和修改爬取数据的代码**。对 AI 工具生成的代码进行人工审阅和修改，结果如下：

```
1    import time
2    from io import StringIO
3    from selenium import webdriver
4    from selenium.webdriver.common.by import By
5    import pandas as pd
6    from bs4 import BeautifulSoup
7    # 打开"研报中心"页面
8    browser = webdriver.Chrome()
9    browser.maximize_window()
10   browser.get('https://data.eastmoney.com/report/')
11   time.sleep(2)
12   # 搜索指定股票
13   stock_code = '601633'
14   search_box = browser.find_element(By.CSS_SELECTOR, 'input.
     sinput.noieclear')
15   search_box.send_keys(stock_code)
16   time.sleep(1)
17   search_button = browser.find_element(By.CSS_SELECTOR, 'in-
```

```
18   put.submit_new_btn')
     search_button.click()
19   # 转到指定股票的研报明细页面
20   handles = browser.window_handles
21   browser.switch_to.window(handles[-1])
22   # 获取前两页的网页源代码
23   html_list = []
24   max_page = 2
25   for page in range(1, max_page + 1):
26       time.sleep(3)
27       html_list.append(browser.page_source)
28       if page < max_page:
29           next_page = browser.find_element(By.LINK_TEXT, '下
             一页')
30           next_page.click()
31   browser.quit()
32   # 从网页源代码中提取数据
33   data_list = []
34   for html in html_list:
35       # 使用read_html()函数提取数据表格
36       table_list = pd.read_html(io=StringIO(html), attrs=
         {'class': 'table-model'})
37       data = table_list[0]
38       # 使用BeautifulSoup模块提取研报详情页的网址
39       soup = BeautifulSoup(html, 'lxml')
40       a_elements = soup.select('table.table-model > tbody >
         tr > td:nth-child(2) > a')
41       data['详情页'] = [a.get('href') for a in a_elements]
42       data_list.append(data)
43   # 合并所有数据
44   df = pd.concat(objs=data_list, ignore_index=True)
45   # 对详情页的网址进行补全
```

```
46    df['详情页'] = 'https://data.eastmoney.com' + df['详情页']
47    # 导出数据
48    df.to_csv(f'研报数据_{stock_code}.csv', index=False, encod-
      ing='utf-8-sig')
```

步骤12 **运行爬取数据的代码**。运行步骤 11 的代码，运行完毕后，打开生成的 CSV 文件，可以看到爬取的两页共 100 份研报的数据（含详情页网址），如图 8-44 所示。

	A	B	C	D	E	F	G	H
1	序号	报告名称	东财 评级	评级 变动	作者	机构	日期	详情页
2	1	系列点评八十二：23Q3盈利历史最佳，海外市场表现优异	买入	维持	崔琰	华西证券	2023/10/31	https://data.eastmoney.com/report/info/AP20231031160665238.html
3	2	新能源与出口齐发力，单三季度净利润环比增长206%	买入	维持	唐旭露	国信证券	2023/10/30	https://data.eastmoney.com/report/info/AP202310301605730505.html
4	3	Q3业绩超预期，新能源赛野是核心成长逻辑	买入	维持	徐慧雄	安信证券	2023/10/30	https://data.eastmoney.com/report/info/AP202310301605648347.html
99	98	公司点评报告：出海加速，布局全球	买入	首次	刘智	中原证券	2022/12/16	https://data.eastmoney.com/report/info/AP202212161581142555.html
100	99	11月新能源车销量环比增长17%，表现优异	买入	维持	徐慧雄	安信证券	2022/12/11	https://data.eastmoney.com/report/info/AP202212111580996502.html
101	100	11月批发环比-13%，出口再创新高	买入	维持	黄细里 杨惠冰	东吴证券	2022/12/11	https://data.eastmoney.com/report/info/AP202212111580996021.html
102								

图 8-44

步骤13 **使用 AI 工具生成下载文件的代码**。获得研报的详情页网址后，继续使用 AI 工具生成下载文件的代码。示例提示词如下：

你是一名非常优秀的 Python 爬虫工程师，请帮我从东方财富网批量下载研报文件。项目的信息和要求如下：

（1）使用 pathlib 模块创建一个文件夹"研报文件"，用于存放所下载的文件。

（2）使用 pandas 模块从 CSV 文件"研报数据_601633.csv"中读取数据，并从其中选取"报告名称"列和"详情页"列，然后对"报告名称"列进行数据清洗，删除 Windows 中禁止用于文件命名的特殊字符。

（3）使用 Requests 模块根据"详情页"列中的网址获取网页源代码，然后使用 BeautifulSoup 模块根据 CSS 选择器"a.rightlab"在网页源代码中定位唯一的 <a> 标签，并从这个 <a> 标签的 href 属性值中提取研报文件的网址。接着使用 Requests 模块根据提取的网址下载研报文件，并存放到前面创建的文件夹下，文件的命名格式为"{序号}.{报告名称}.pdf"。每下载完一个文件就输出相应信息。

请按上述信息和要求编写 Python 代码，谢谢。

步骤14 **审阅和修改下载文件的代码**。对 AI 工具生成的代码进行人工审阅和修改，结果如下：

```python
1   from pathlib import Path
2   import requests
3   from bs4 import BeautifulSoup
4   import pandas as pd
5   import time
6   # 创建存放下载文件的文件夹
7   output_dir = Path('研报文件')
8   output_dir.mkdir(parents=True, exist_ok=True)
9   # 从CSV文件中读取数据并做清洗
10  df = pd.read_csv('研报数据_601633.csv')
11  df = df.loc[:, ['报告名称', '详情页']]
12  df['报告名称'] = df['报告名称'].str.replace(pat=r'[\\/:*?"
    <>|]', repl='', regex=True)
13  # 设置请求头
14  headers = {'User-Agent': 'Mozilla/5.0 (Windows NT 10.0; Win64;
    x64) AppleWebKit/537.36 (KHTML, like Gecko) Chrome/114.0.0.0
    Safari/537.36'}
15  # 遍历读取的数据
16  for r in range(df.shape[0]):
17      # 从数据中提取一行并转换成字典
18      row = df.iloc[r].to_dict()
19      # 获取研报详情页的网页源代码
20      response = requests.get(url=row['详情页'], headers=
        headers)
21      html = response.text
22      # 使用BeautifulSoup解析页面内容
23      soup = BeautifulSoup(html, 'lxml')
24      # 提取研报文件的网址
25      a_elements = soup.select('a.rightlab')
26      pdf_url = a_elements[0].get('href')
27      # 根据网址下载文件
28      response = requests.get(url=pdf_url, headers=headers)
```

```
29          # 构造文件保存路径
30          file_path = output_dir / f"{r + 1}.{row['报告名称']}.
            pdf"
31          # 保存文件
32          with open(file=file_path, mode='wb') as f:
33              f.write(response.content)
34          print(f'下载完成：{file_path}')
35          # 适当暂停，以免触发反爬
36          time.sleep(2)
```

步骤15 **运行下载文件的代码**。运行步骤 14 的代码，运行完毕后，打开生成的文件夹"研报文件"，可看到 100 份研报的 PDF 文件，如图 8-45 所示。

图 8-45

第 **9** 章

综合实战：
社交媒体数据爬取

　　社交媒体数据可以帮助企业更好地理解用户需求和分析市场趋势，从而制定出有效的营销策略或提前发现潜在的商机。本章将利用 AI 工具辅助编写 Python 爬虫程序，从多个社交媒体平台爬取数据。

9.1　爬取百度热搜榜

◎ 代码文件：实例文件＼09＼9.1＼爬取百度热搜榜.py

百度以海量的真实搜索数据为基础，通过专业的数据挖掘方法计算关键词的热搜指数，建立了反映社会热点的热搜榜。本案例将爬取百度热搜榜中每条热搜的标题和指数。

步骤01 判断目标网页的类型。用谷歌浏览器打开百度热搜页面（https://top.baidu.com/board?tab=realtime），用右键快捷菜单查看网页源代码，可看到其中包含热搜的标题和指数，如图 9-1 所示。这说明该页面是静态页面，可使用 Requests 模块获取网页源代码。

图 9-1

步骤02 查看网页的编码格式。在网页源代码中还可看到网页的编码格式是"utf-8"，如图 9-2 所示。

```
自动换行 ✓
1
2        <!DOCTYPE html>
3        <html>
4          <head>
5            <meta http-equiv="Content-Type" content="text/html;charset=utf-8">
6            <meta http-equiv="X-UA-Compatible" content="IE=edge,chrome=1">
7            <meta content="always" name="referrer">
8            <meta name="theme-color" content="#2932e1">
```

图 9-2

步骤03 分析包含热搜标题的网页源代码。返回百度热搜页面，用开发者工具分析包含热搜标题的网页源代码，可看到标题文本位于一个 class 属性值为"c-single-text-ellipsis"的 <div> 标签中，如图 9-3 所示。因此，可使用 CSS 选择器"div.c-single-text-ellipsis"来定位热搜标题。

图 9-3

步骤04 **分析包含热搜指数的网页源代码。** 继续用开发者工具分析包含热搜指数的网页源代码，可看到热搜指数位于一个 class 属性值为 "hot-index_1Bl1a" 的 <div> 标签中，如图 9-4 所示。因此，可使用 CSS 选择器 "div.hot-index_ 1Bl1a" 来定位热搜指数。

图 9-4

步骤05 **使用 AI 工具生成爬取数据的代码。** 完成上述分析后，通过编写提示词描述项目的需求，然后将提示词输入 AI 工具，让其生成代码。示例提示词如下：

你是一名非常优秀的 Python 爬虫工程师，请帮我从百度热搜爬取热搜的标题和指数。项目的信息和要求如下：

（1）使用 Requests 模块获取网页源代码。目标网页的网址为 https://top. baidu.com/board?tab=realtime，编码格式为 utf-8。

（2）使用 BeautifulSoup 模块从网页源代码中提取数据。热搜标题位于 <div> 标签中，对应的 CSS 选择器为 "div.c-single-text-ellipsis"。热搜指数位于 <div> 标签中，对应的 CSS 选择器为 "div.hot-index_1Bl1a"。从标签中提取文本后，进行必要的数据清洗，删除文本首尾的空白字符。

（3）使用 pandas 模块整理数据，并导出成 CSV 文件，文件名为 "百度热搜.csv"，编码格式为 utf-8-sig。

请按上述信息和要求编写 Python 代码，谢谢。

步骤06 审阅和修改爬取数据的代码。对 AI 工具生成的代码进行人工审阅和修改，结果如下：

```
1    import requests
2    from bs4 import BeautifulSoup
3    import pandas as pd
4    # 设置请求头，模拟浏览器访问
5    headers = {'User-Agent': 'Mozilla/5.0 (Windows NT 10.0; Win64;
     x64) AppleWebKit/537.36 (KHTML, like Gecko) Chrome/114.0.0.0
     Safari/537.36'}
6    # 获取网页源代码
7    url = 'https://top.baidu.com/board?tab=realtime'
8    response = requests.get(url=url, headers=headers)
9    response.encoding = 'utf-8'
10   html_code = response.text
11   # 使用BeautifulSoup解析页面内容
12   soup = BeautifulSoup(html_code, 'lxml')
13   # 在网页源代码中定位标签
14   titles = soup.select('div.c-single-text-ellipsis')
15   indices = soup.select('div.hot-index_1Bl1a')
16   # 从标签中提取数据
17   data = []
18   for title, index in zip(titles, indices):
19       title_text = title.get_text().strip()
20       index_text = index.get_text().strip()
21       data.append([title_text, index_text])
22   # 整理和导出数据
23   df = pd.DataFrame(data, columns=['热搜标题', '热搜指数'])
24   df.to_csv('百度热搜.csv', index=False, encoding='utf-8-
     sig')
```

步骤07 运行爬取数据的代码。运行步骤 06 的代码，运行完毕后，打开生成的 CSV 文件，可看到爬取的热搜榜数据，如图 9-5 所示。

	A	B
1	热搜标题	热搜指数
2	以中国新发展为世界提供新机遇	4927984
3	暴雪、寒潮、大风 三预警齐发	4910192
4	银行存款再现"失踪"谜局	4884324
30	航班飞行中乘客欲打开舱门被阻止	3226506
31	北京本周有望正式入冬	2748246
32	男子帮业主疏通管道掏出娃娃鱼	2525835

图 9-5

9.2 爬取新浪微博热搜榜

 ◎ 代码文件：实例文件＼09＼9.2＼爬取新浪微博热搜榜.py

新浪微博是目前用户活跃度较高的社交平台之一，该平台上的热门话题包含许多具有很高参考价值的信息。本案例将爬取新浪微博热搜榜的数据。

步骤01 **分析置顶条目的网页源代码**。用谷歌浏览器打开新浪微博的热搜榜页面（https://s.weibo.com/top/summary?cate=realtimehot），用开发者工具分析置顶条目对应的网页源代码，如图 9-6 所示。可以看到，置顶条目的序号位于一个 class 属性值为 "td-01" 的 <td> 标签中；关键词位于一个 <a> 标签中，该标签直接从属于一个 class 属性值为 "td-02" 的 <td> 标签；没有热搜指数。

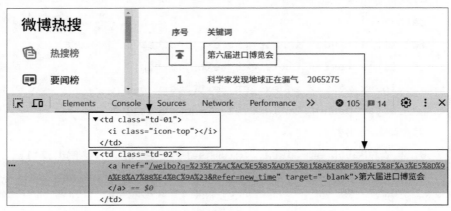

图 9-6

步骤02 **分析非置顶条目的网页源代码**。继续用开发者工具分析非置顶条目对应的网页源代码，如图 9-7 所示。可以看到，序号位于一个 <td> 标签中，该标签的 class 属性有多个值，其中与置顶条目序号所在的 <td> 标签一样都有一个值是"td-01"；关键词位于一个 <a> 标签中，热搜指数位于一个 <span> 标签中，它们都直接从属于一个 class 属性值为"td-02"的 <td> 标签。

图 9-7

步骤03 编写 CSS 选择器。根据上述分析，可以编写出定位序号、关键词、热搜指数所在标签的 CSS 选择器，分别为"td.td-01""td.td-02 > a""td.td-02 > span"。但要注意两点：第一，置顶条目没有包含热搜指数的 <span> 标签，所以 <span> 标签的数量会比另外两项标签的数量少 1，提取数据后要设法将相关列表处理成相同的长度，如强制在列表开头插入值；第二，部分热搜指数还包含"电影""综艺""剧集"等多余的文本，如图 9-8 所示，需进行数据清洗。

图 9-8

步骤04 确定爬虫技术方案。新浪微博热搜榜的页面是静态网页，理论上可以用 Requests 模块获取网页源代码。但在浏览过程中发现，有时需要登录账号才能看到页面内容。因此，这里选择使用 Selenium 模块操控浏览器，先打开新浪微博的首页并等待足够长的时间，让用户在页面中手动登录账号，再打开热搜榜页面获取网页源代码。

步骤05 使用 AI 工具生成爬取数据的代码。完成上述分析后，通过编写提示词描述项目的需求，然后将提示词输入 AI 工具，让其生成代码。示例提示词如下：

你是一名非常优秀的 Python 爬虫工程师，请帮我从新浪微博热搜榜爬取数据。项目的信息和要求如下：

（1）使用 Selenium 模块访问网址 https://weibo.com/，等待 30 秒后访问网址 https://s.weibo.com/top/summary?cate=realtimehot，并获取网页源代码。

（2）使用 BeautifulSoup 模块从网页源代码中提取如下数据：

①序号：CSS 选择器为 "td.td-01"。从 <td> 标签中提取文本后，删除首尾的空白字符。

②关键词：CSS 选择器为 "td.td-02 > a"。从 <a> 标签中提取文本后，删除首尾的空白字符。

③热搜指数：CSS 选择器为 "td.td-02 > span"。从 <span> 标签中提取文本后，删除首尾的空白字符，然后以空格为分隔符拆分字符串，且只保留拆分结果的最后一项。最后，在热搜指数的列表的开头添加一个新元素，元素的值为空字符串。

（3）使用 pandas 模块整理数据，并导出成 CSV 文件，文件名为 "新浪微博热搜榜.csv"，编码格式为 utf-8-sig。

请按上述信息和要求编写 Python 代码，谢谢。

步骤06 **审阅和修改爬取数据的代码**。对 AI 工具生成的代码进行人工审阅和修改，结果如下：

```
 1   import time
 2   from selenium import webdriver
 3   from bs4 import BeautifulSoup
 4   import pandas as pd
 5   # 打开微博首页
 6   browser = webdriver.Chrome()
 7   browser.maximize_window()
 8   browser.get('https://weibo.com/')
 9   # 等待用户登录
10   time.sleep(30)
11   # 打开热搜榜页面
12   browser.get('https://s.weibo.com/top/summary?cate=real-
     timehot')
```

```
13    time.sleep(3)
14    # 获取网页源代码
15    html_code = browser.page_source
16    browser.quit()
17    # 用BeautifulSoup解析网页源代码
18    soup = BeautifulSoup(html_code, 'lxml')
19    # 定位包含序号、关键词、热搜指数的标签
20    ranks = soup.select('td.td-01')
21    keywords = soup.select('td.td-02 > a')
22    indices = soup.select('td.td-02 > span')
23    # 提取数据并进行清洗
24    rank_list = [r.get_text().strip() for r in ranks]
25    keyword_list = [k.get_text().strip() for k in keywords]
26    index_list = [i.get_text().strip().split(' ')[-1] for i in
      indices]
27    index_list = [''] + index_list
28    # 整理和导出数据
29    data = {'序号': rank_list, '关键词': keyword_list, '热搜指
      数': index_list}
30    df = pd.DataFrame(data)
31    df.to_csv('新浪微博热搜榜.csv', index=False, encoding='utf-8-
      sig')
```

步骤07 **运行爬取数据的代码。**运行步骤 06 的代码，运行完毕后，打开生成的 CSV 文件，可看到爬取的热搜榜数据，如图 9-9 所示。

◢	A	B	C
1	序号	关键词	热搜指数
2		第六届进口博览会	
3	1	科学家发现地球正在漏气	2065275
4	2	陈楚生 披荆斩棘总冠军	1088078
5	3	第一届全国学青会开幕式	1018936
52	48	男子酒驾送妻就医交警拦下后化身代驾	124401
53	49	刚改造完房东就把房子卖了	122891
54	50	三星堆文物的工艺有多牛	116158

图 9-9

9.3　爬取好看视频的数据

◎　代码文件：实例文件＼09＼9.3＼爬取好看视频的数据.py

　　从短视频平台爬取的数据对短视频创作者和运营者来说具有很高的参考价值。本案例将从好看视频爬取"美食"频道下的视频数据，包括标题、时长、播放量、评论数、点赞数、网址等。

步骤 01　**判断目标网页的类型**。用谷歌浏览器打开好看视频的"美食"频道页面（https://haokan.baidu.com/tab/meishi_new），向下滚动页面，页面中会加载出更多视频，而地址栏中的网址始终不变，说明该页面是动态网页。

步骤 02　**分析请求数据的接口地址**。打开开发者工具，❶切换到"Network"选项卡，❷单击"Fetch / XHR"按钮，然后在窗口的上半部分向下滚动页面，加载出新的视频，"Network"选项卡中会出现相应的动态请求，❸单击某个动态请求，❹在右侧切换到"Headers"选项卡，❺找到"General"栏目，其中"Request URL"的值中"？"号之前的部分就是请求数据的接口地址，这里为https://haokan.baidu.com/haokan/ui-web/video/rec，如图 9-10 所示。

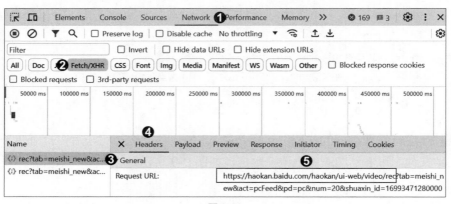

图 9-10

步骤 03　**分析请求数据的动态参数**。❶切换到右侧的"Payload"选项卡，❷在"Query String Parameters"栏目下可看到各个动态参数的名称和值，如图 9-11 所示。参数 tab 的值"meishi_new"代表"美食"频道，参数 num 的值 20 代表每次请求返回 20 个视频的数据。用相同的方法分析其他请求，会发现它们的接口地址和动态参数都是相同的。

图 9-11

步骤 04 **分析动态请求返回的数据**。❶在右侧切换到"Preview"选项卡，❷预览动态请求返回的内容，可以看到它是 JSON 格式数据，如图 9-12 所示。数据的结构是一个大字典，依次展开 data 键、response 键、videos 键，可以看到对应的值是一个大列表，列表中有 20 个字典，分别对应 20 个视频的详细数据。

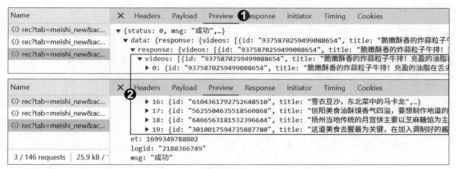

图 9-12

展开任意一个视频对应的字典，可看到各种详细数据，如图 9-13 所示。本案例要爬取的是标题、时长、播放量、评论数、点赞数、网址，对应的键分别为 title、duration、fmplaycnt_2、fmcomment、fmlike、play_url。其中，播放量的值有可能是类似"2.5 万"的格式，需要将其转换成标准的整数。

```
Name                          ✕  Headers   Payload   Preview   Response   Initiator   Timing   Cookies
{} rec?tab=meishi_new&ac...       ▼ 14: {id: "11129291490918598734", title: "螺蛳捕捞师深夜下河，只为做一盘紫苏炒青蟒,
{} rec?tab=meishi_new&ac...           appid: ""
{} rec?tab=meishi_new&ac...           author_avatar: "https://gips0.baidu.com/it/u=4021319013,4210001084&fm=3012&ap
                                       back_haokan_scheme: ""
                                       channel_name: ""
                                       channel_poster: ""
                                       channel_total_number: 0
                                       cmd: "baiduboxapp://v1/easybrowse/open?newbrowser=1&slog=%257B%2522from%2522%
                                       comment: "34"
                                     ▶ commentInfo: {source: "baidumedia", key: "1780342443925002878"}
                                       comment_id: "1780342443925002878"
                                       duration: "02:43"
                                       fmcomment: "34"
                                       fmlike: "328"
                                       fmplaycnt: "2.5万次播放"
                                       fmplaycnt_2: "2.5万"
```

图 9-13

步骤 05 **确定爬虫技术方案**。为了提高爬取的成功率，这里选择 5.11 节介绍的 Cookie 模拟登录的技术方案：先用 Selenium 模块打开"美食"频道页面，用户在页面中手动登录，然后获取记录着登录状态的 Cookie；接着按照 Requests 模块的数据格式整理获取的 Cookie；最后使用 Requests 模块携带整理好的 Cookie 对前面分析出的接口地址发起请求，获得所需的视频数据。

步骤 06 **使用 AI 工具生成爬取数据的代码**。完成上述分析后，通过编写提示词描述项目的需求，然后将提示词输入 AI 工具，让其生成代码。示例提示词如下：

你是一名非常优秀的 Python 爬虫工程师，请帮我从好看视频爬取数据。项目的信息和要求如下：

（1）使用 Selenium 模块访问网址 https://haokan.baidu.com/tab/meishi_new，等待 60 秒，然后获取 Cookie，并将获得的 Cookie 转换成 Requests 模块的数据格式。

（2）使用 Requests 模块对指定的数据接口发起 3 次请求，并从返回的 JSON 格式数据中提取指定的值，每次请求之间暂停 3 秒。具体要求如下：

①请求的接口地址为 https://haokan.baidu.com/haokan/ui-web/video/rec。动态参数和值分别为：tab: meishi_new，act: pcFeed，pd: pc，num: 20。发起请求时还需要携带前面转换好格式的 Cookie。

②每次请求会返回一组 JSON 格式数据，其结构为 {'data': {'response': {'videos': [...]}}}，视频的数据位于 videos 键对应的列表中。列表中的每个元素是一个字典，对应一个视频的数据。从各个字典中提取这些键的值并汇总：title、duration、fmplaycnt_2、fmcomment、fmlike、play_url。

③汇总数据时使用中文的字段名：标题、时长、播放量、评论数、点赞数、网址。"播放量"的部分值含有字符"万"，需要转换为整型数字，例如，将"2.5万"转换为 25000。"评论数"和"点赞数"的值需要转换成整型数字。

（3）使用 pandas 模块整理数据，并导出成 CSV 文件，文件名为"好看视频.csv"，编码格式为 utf-8-sig。

请按上述信息和要求编写 Python 代码，谢谢。

步骤 07 **审阅和修改爬取数据的代码**。对 AI 工具生成的代码进行人工审阅和修改，结果如下：

```
1   from selenium import webdriver
2   import requests
```

```
3    import time
4    import pandas as pd
5    # 打开好看视频的 "美食" 频道页面
6    browser = webdriver.Chrome()
7    browser.get('https://haokan.baidu.com/tab/meishi_new')
8    # 等待用户登录
9    time.sleep(60)
10   # 获取Cookie并转换数据格式
11   cookie_dict = {}
12   for item in browser.get_cookies():
13       cookie_dict[item['name']] = item['value']
14   browser.quit()
15   # 给出接口地址、动态参数、请求头
16   url = 'https://haokan.baidu.com/haokan/ui-web/video/rec'
17   params = {'tab': 'meishi_new', 'act': 'pcFeed', 'pd': 'pc',
     'num': 20}
18   headers = {'User-Agent': 'Mozilla/5.0 (Windows NT 10.0; Win64;
     x64) AppleWebKit/537.36 (KHTML, like Gecko) Chrome/114.0.0.0
     Safari/537.36'}
19   # 爬取数据
20   data_list = []
21   for i in range(3):
22       # 携带动态参数和Cookie对接口地址发起请求
23       response = requests.get(url=url, params=params, headers=
         headers, cookies=cookie_dict)
24       # 从响应对象中解析JSON格式数据
25       json_data = response.json()
26       # 从JSON格式数据中提取视频数据
27       video_list = json_data['data']['response']['videos']
28       # 提取所需字段并进行数据清洗
29       for video in video_list:
30           data = {}
```

```
31      data['标题'] = video['title']
32      data['时长'] = video['duration']
33      data['播放量'] = int(eval(video['fmplaycnt_2'].re-
        place('万', 'e4')))
34      data['评论数'] = int(video['fmcomment'])
35      data['点赞数'] = int(video['fmlike'])
36      data['网址'] = video['play_url']
37      # 将提取的数据添加到列表中
38      data_list.append(data)
39    # 适当等待, 以免触发反爬
40    time.sleep(3)
41  # 整理和导出数据
42  df = pd.DataFrame(data_list)
43  df.to_csv('好看视频.csv', index=False, encoding='utf-8-
    sig')
```

步骤08 **运行爬取数据的代码**。运行步骤 07 的代码, 运行完毕后, 打开生成的 CSV 文件, 可看到爬取的 60 个视频的数据, 如图 9-14 所示。

	A	B	C	D	E	F
1	标题	时长	播放量	评论数	点赞数	网址
2	真假美食: 把甜品做成各种奇葩物件, 想要验证就得下嘴尝	3:43	5221	4	68	http://vd3.bdstatic.com/mda-pjueyd3wf2uvxbga/cae_h264/1698578509074778549/mda-pjueyd3wf2uvxbga.mp4
3	白煮羊胸肉带皮同吃, 羊皮Q弹爽滑羊肉软烂入味, 吃一口满嘴流油	0:23	160000	31	1333	http://vd4.bdstatic.com/mda-pijey5bpmkdj5exf/360p/h264/1695206043872334810/mda-pijey5bpmkdj5exf.mp4
4	宁波有名的牛肉面, 牛肉的分量满满, 边吃肉边喝面简直太爽丨育夜	0:31	82000	21	575	http://vd3.bdstatic.com/mda-pjkbn3t4x6gaqiwp/cae_h264/1697934964617576207/mda-pjkbn3t4x6gaqiwp.mp4
5	南京锅贴不愧是远近闻名! 看这金灿灿的油汁, 隔看屏幕都被馋到!	0:22	3997	9	15	http://vd2.bdstatic.com/mda-pk4fvng1059qfd5a/cae_h264/1699183615899721998/mda-pk4fvng1059qfd5a.mp4
6	不一样的街头煎饼 将各种食材与酱料堆叠起来 口感香软又美味	1:37	27			http://vd3.bdstatic.com/mda-pk5c7gxjfqdynqbh/cae_h264/1699269425411795869/mda-pk5c7gxjfqdynqbh.mp4
57	合肥40年美食猪头汤, 一整块猪肉熬汤, 泡米饭可以连吃三碗!	0:48	3959	2	19	http://vd3.bdstatic.com/mda-pijd8pc3c535bcvk/360p/h264/1695201834371947131/mda-pijd8pc3c535bcvk.mp4
58	潮汕名菜冻红蟹, 蟹肉鲜美肥嫩无腥味, 看看就有食欲!丨老广味道	0:53	140000	41	1578	http://vd2.bdstatic.com/mda-pijh2xc1gkysv7y7/cae_h264/1695284773047111763/mda-pijh2xc1gkysv7y7.mp4
59	羊肉打底, 加上热气腾腾的羊汤, 撒上香菜, 一碗地道的羊县羊肉汤	0:47	8986	6	39	http://vd3.bdstatic.com/mda-pie48jfe683mh32z/360p/h264/1694747542058436733/mda-pie48jfe683mh32z.mp4
60	重庆小面实重好吃, 老板早上5点就开始忙, 生意太火爆!丨早餐中国	0:48	34000	1	205	http://vd3.bdstatic.com/mda-pjh1m3h6d5a9swin/cae_h264/1697604197065682929/mda-pjh1m3h6d5a9swin.mp4
61	武汉小吃小吃豆皮做法, 简单干净卫生, 买的都好吃丨早餐中国	1:20	74000	22	769	http://vd4.bdstatic.com/mda-phqib3s7mzj57emc/360p/h264/1692968718533618342/mda-phqib3s7mzj57emc.mp4
62						

图 9-14

第 **10** 章

综合实战：
电商数据爬取

随着消费者的主流购物方式逐渐由线下转向线上，电商平台产生了大量有价值的商品信息、用户评价、价格变动等数据。深度探究这些数据可以更准确地把握市场动态、产品竞争力和消费者行为。本章将利用 AI 工具辅助编写 Python 爬虫程序，从电商网站爬取数据。

10.1 爬取当当网的图书畅销榜数据

 ◎ 代码文件：实例文件＼10＼爬取当当网的图书畅销榜数据.py

图书销售排行榜对于图书销售商制定进货计划、出版社编辑规划选题开发方向具有很高的参考价值。实体书店的图书销售排行数据采集难度较大，而电子商务网站的图书销售排行数据则具有真实性高、更新及时、容易获取等优点，是一个相当好的数据来源。本案例将从当当网爬取图书畅销榜的数据，包括排名、书名、出版时间、出版社、定价、售价、评论数、详情页。

步骤01 **打开目标网页**。用谷歌浏览器打开当当网的"图书畅销榜"页面（http://bang.dangdang.com/books/bestsellers），假设要爬取近 30 日的童书畅销榜数据。❶单击左侧"分类排行"下的"童书"链接，❷再在打开的新页面中单击"近30 日"链接，此时页面中显示的是榜单的第 1 页内容，❸地址栏中的网址为https://bang.dangdang.com/books/bestsellers/01.41.00.00.00.00-recent30-0-0-1-1，如图 10-1 所示。

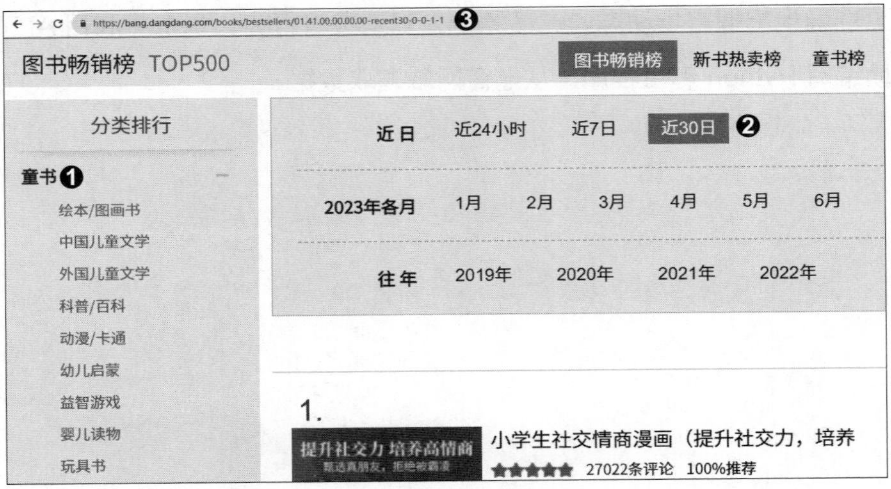

图 10-1

步骤02 **分析网址的规律**。❶利用页面底部的翻页按钮跳转至第 2 页，❷地址栏中的网址变为 https://bang.dangdang.com/books/bestsellers/01.41.00.00.00.00-recent30-0-0-1-2，如图 10-2 所示。继续翻至其他页码并观察网址的变化，可以发现网址的最后一个数字代表页码。

图 10-2

步骤03 确定目标网页的类型。 用右键快捷菜单查看页面的网页源代码，可以在其中搜索到榜单中的图书数据，如图 10-3 所示。这说明该页面是静态页面，可以用 Requests 模块获取网页源代码。

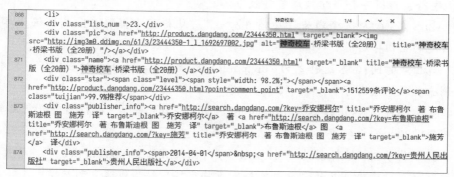

图 10-3

步骤04 分析目标网页的编码格式。 在网页源代码中还可以看到网页的编码格式是"gb2312"，如图 10-4 所示。在编写代码时可以将网页的编码格式设置成 gbk。

```
1
2
3  <!DOCTYPE html PUBLIC "-//W3C//DTD XHTML 1.0 Transitional//EN" "http://www.w3.org/TR/xhtml1/DTD/xhtml1-
   transitional.dtd">
4  <html xmlns="http://www.w3.org/1999/xhtml">
5  <head>
6  <meta http-equiv="Content-Type" content="text/html; charset=gb2312" />
7  <meta name="keywords" content="童书畅销榜,近30日畅销书排行榜,畅销图书排行榜" />
8  <meta name="description" content="当当网童书畅销榜,近30日畅销书排行榜,为您提供真实、权威、可信的童书排行榜数
   据,查看畅销小说排行榜,就上DangDang.COM." />
```

图 10-4

步骤05 分析包含数据的标签并编写 CSS 选择器。 完成获取网页源代码所必需的分析后，继续分析包含数据的标签并编写 CSS 选择器，为提取数据做准备。具体过程这里不再讲解，读者可按照前几章讲解的知识并参考其他案例自行完成这项工作，如果遇到困难，可以向 AI 工具求助。后续步骤也会在提示词中给出所有的 CSS 选择器供读者参考。

步骤06 **使用 AI 工具生成爬取数据的代码。** 完成上述分析后，通过编写提示词描述项目的需求，然后将提示词输入 AI 工具，让其生成代码。示例提示词如下：

你是一名非常优秀的 Python 爬虫工程师，请帮我从当当网爬取图书畅销榜的数据。项目的信息和要求如下：

（1）使用 Requests 模块访问目标网页，获取前 3 页的网页源代码，编码格式为 gbk。网址的格式为 https://bang.dangdang.com/books/bestsellers/01.41.00.00.00.00-recent30-0-0-1-{页码}。

（2）使用 BeautifulSoup 模块从每一页的网页源代码中提取如下数据：

①排名：CSS 选择器为 "div.list_num"。从标签中提取文本后，删除末尾的 "." 字符，再将字符串转换成整型数字。

②书名：CSS 选择器为 "div.name > a"。从标签中提取 title 属性值，再删除首尾的空白字符。

③出版时间：CSS 选择器为 "div.publisher_info > span"。从标签中提取文本，再删除首尾的空白字符。

④出版社：CSS 选择器为 "div.publisher_info > span + a"。从标签中提取文本，再删除首尾的空白字符。

⑤定价：CSS 选择器为 "div.price > p:nth-child(1) > span.price_r"。从标签中提取文本，删除开头的 "￥" 字符，再将字符串转换成浮点型数字。

⑥售价：CSS 选择器为 "div.price > p:nth-child(1) > span.price_n"。从标签中提取文本，删除开头的 "￥" 字符，再将字符串转换成浮点型数字。

⑦评论数：CSS 选择器为 "div.star > a"。从标签中提取文本，删除末尾的 "条评论" 字符，再将字符串转换成整型数字。

⑧详情页：CSS 选择器为 "div.name > a"。从标签中提取 href 属性值。

（3）使用 pandas 模块整理数据，并导出成 CSV 文件，文件名为 "bestselling_books.csv"，编码格式为 utf-8-sig。

请按上述信息和要求编写 Python 代码，谢谢。

步骤07 **审阅和修改爬取数据的代码。** 对 AI 工具生成的代码进行人工审阅和修改，结果如下：

```
1    import requests
2    from bs4 import BeautifulSoup
3    import pandas as pd
```

```
4     import time
5     # 设置请求头
6     headers = {'User-Agent': 'Mozilla/5.0 (Windows NT 10.0; Win64;
      x64) AppleWebKit/537.36 (KHTML, like Gecko) Chrome/114.0.0.0
      Safari/537.36'}
7     # 爬取第1~3页的数据
8     page_start = 1
9     page_end = 3
10    data_list = []
11    for page in range(page_start, page_end + 1):
12        # 构造目标网址
13        url = f'https://bang.dangdang.com/books/bestsellers/
          01.41.00.00.00.00-recent30-0-0-1-{page}'
14        # 向目标网址发起请求
15        response = requests.get(url=url, headers=headers)
16        response.encoding = 'gbk'
17        # 用BeautifulSoup解析网页源代码
18        soup = BeautifulSoup(response.text, 'lxml')
19        # 从网页源代码中提取所需数据
20        rankings = [int(i.get_text().strip().strip('.')) for i
          in soup.select('div.list_num')]
21        titles = [i.get('title').strip() for i in soup.select
          ('div.name > a')]
22        pub_dates = [i.get_text().strip() for i in soup.select
          ('div.publisher_info > span')]
23        publishers = [i.get_text().strip() for i in soup.select
          ('div.publisher_info > span + a')]
24        prices = [float(i.get_text().strip().strip('¥')) for
          i in soup.select('div.price > p:nth-child(1) > span.
          price_r')]
25        discounts = [float(i.get_text().strip().strip('¥')) for
          i in soup.select('div.price > p:nth-child(1) > span.
```

```
26   price_n')]
     comments = [int(i.get_text().strip().replace('条评论',
     '')) for i in soup.select('div.star > a')]
27   details = [i.get('href') for i in soup.select('div.
     name > a')]
28   # 创建DataFrame
29   data = {'排名': rankings, '书名': titles, '出版时间':
     pub_dates, '出版社': publishers, '定价': prices, '售价':
     discounts, '评论数': comments, '详情页': details}
30   data_list.append(pd.DataFrame(data))
31   # 适当暂停，以免触发反爬
32   time.sleep(3)
33  # 整理和导出数据
34  df = pd.concat(data_list)
35  df.to_csv('bestselling_books.csv', index=False, encoding=
    'utf-8-sig')
```

提 示

第 20 ～ 27 行代码的语法格式称为"列表推导式"或"列表生成式"。想
进一步了解这种语法格式的读者可以向 AI 工具提问。

步骤 08 **运行爬取数据的代码。**运行步骤 07 的代码，运行完毕后，打开生成的
CSV 文件，可看到爬取的 60 本图书的数据，如图 10-5 所示。

	A	B	C	D	E	F	G	H
1	排名	书名	出版时间	出版社	定价	售价	评论数	详情页
2	1	小学生社交情商漫画（提升社交力，培养高情商，甄选真朋友，拒绝被霸凌。全2册，歪歪兔童书馆出品）	2023/8/15	海豚出版社	100	38.8	27213	http://product.dangdang.com/29602308.html
3	2	四季的变化 科普认知绘本(全4册)	2019/4/1	天地出版社	68	12	288148	http://product.dangdang.com/27860302.html
4	3	故宫博物院 孩子一定要去的博物馆 图说天下精装版	2023/6/1	北京联合出版有限公司	50	17.9	80610	http://product.dangdang.com/29577498.html
5	4	猜猜我有多爱你（3-8岁）信谊世界精选图画书	2020/9/1	明天出版社	43.8	21.9	316164	http://product.dangdang.com/29132118.html
57	56	好饿的毛毛虫（3-8岁）信谊世界精选图画书	2017/8/1	明天出版社	46.8	23.4	232924	http://product.dangdang.com/27923237.html
58	57	梅格时空大冒险：时间的折皱 纽伯瑞金奖（儿童文学家喻户晓、不可逾越的经典！科幻冒险，打开孩子探索宇宙的大门7-14岁透读）	2021/7/30	文汇出版社	34.8	17.4	15038	http://product.dangdang.com/29276880.html
59	58	青蛙和蟾蜍（拼音版）（7-12岁）信谊世界精选图画书（帮助孩子从"图像阅读"进入"文字阅读"）	2020/10/1	明天出版社	72.8	36.4	46771	http://product.dangdang.com/29158141.html
60	59	大中华寻宝记（1-4册）	2023/9/1	二十一世纪出版社	159.2	79.6	16555	http://product.dangdang.com/29546951.html
61	60	心喜阅绘本馆：善平爷爷的草莓（平装）（点读版）	2015/7/1	长江少年儿童出版社	25	11.3	50387	http://product.dangdang.com/25285505.html
62								

图 10-5

10.2　爬取京东的商品评价

 ◎ 代码文件：实例文件＼10＼爬取京东的商品评价.py、数据处理.py

商品评价反映了品牌的口碑、产品的质量和消费者的偏好，能够为生产商和销售商进行产品优化和服务升级提供科学的依据。本案例将从京东商城爬取商品的用户评价数据，包括评价等级和评价内容。

步骤01 **查看商品评价。**用谷歌浏览器打开京东商城中任意一款商品的详情页，这里以一款智能音箱（https://item.jd.com/7344084.html）为例。❶单击页面中的"商品评价"按钮，❷勾选"只看当前商品评价"复选框，❸即可看到这款商品的用户评价，如图 10-6 所示。此外，在未登录的状态下浏览页面时，页面中会随机弹出登录框，所以最好先登录再爬取，代码中需要设置足够的等待时间。

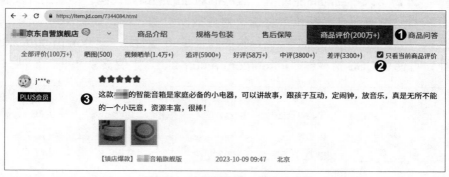

图 10-6

步骤02 **判断目标网页的类型。**用右键快捷菜单查看页面的网页源代码并在其中搜索评价内容，会发现搜索不到，如图 10-7 所示。这说明此页面是动态网页，适合用 Selenium 模块获取网页源代码。

```
13      <link rel="canonical" href="//item.      无所不能        0/0    ∧ ∨ ✕
14          <link rel="dns-prefetch" href="//misc.360buyimg.com"/>
15      <link rel="dns-prefetch" href="//static.360buyimg.com"/>
16      <link rel="dns-prefetch" href="//storage.jd.com"/>
17      <link rel="dns-prefetch" href="//storage.360buyimg.com"/>
18      <link rel="dns-prefetch" href="//gias.jd.com"/>
19      <link rel="dns-prefetch" href="//img10.360buyimg.com"/>
20      <link rel="dns-prefetch" href="//img11.360buyimg.com"/>
```

图 10-7

步骤03 **分析"商品评价"按钮对应的网页源代码**。返回商品详情页，用开发者工具分析"商品评价"按钮对应的网页源代码。如图 10-8 所示，该按钮对应一个 \<li> 标签，该标签的特征是 data-anchor 属性值为"#comment"，因此，可使用 CSS 选择器"li[data-anchor="#comment"]"定位该按钮。

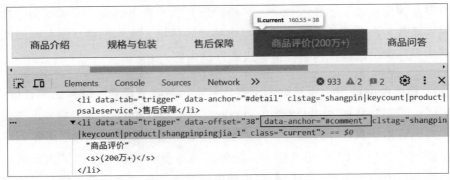

图 10-8

步骤04 **分析"只看当前商品评价"复选框对应的网页源代码**。继续用开发者工具分析"只看当前商品评价"复选框对应的网页源代码。如图 10-9 所示，该复选框对应一个 \<input> 标签，该标签的特征是 id 属性值为"comm-curr-sku"，因此，可使用 CSS 选择器"input#comm-curr-sku"定位该复选框。

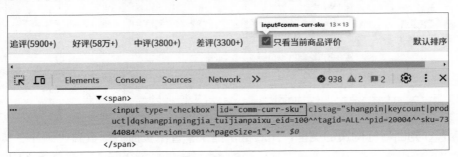

图 10-9

步骤05 **分析"下一页"按钮对应的网页源代码**。为实现自动翻页，继续用开发者工具分析"下一页"按钮对应的网页源代码。需要注意的是，页面中有两个"下一页"按钮，分别用于商品评价和商品问答的翻页，分析时要分辨清楚。

　　如图 10-10 所示，商品评价的"下一页"按钮对应一个 class 属性值为"ui-pager-next"的 \<a> 标签，该 \<a> 标签又间接从属于一个 class 属性值为"com-table-footer"的 \<div> 标签，因此，可使用 CSS 选择器"div.com-table-footer a.ui-pager-next"定位该按钮。

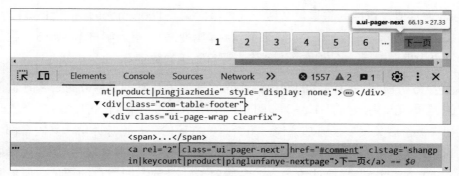

图 10-10

步骤06 分析包含评价等级的网页源代码。 京东的评价等级以 1 ～ 5 颗红色五角星表示。用开发者工具分析不同的评价等级对应的网页源代码，如图 10-11 和图 10-12 所示。可以看到评价等级对应一个 <div> 标签，其 class 属性有两个值：第 1 个值"comment-star"是各个 <div> 标签都有的；第 2 个值为"star+ 数字"的格式，其中的数字对应五角星的数量，也是我们要爬取的评价等级。

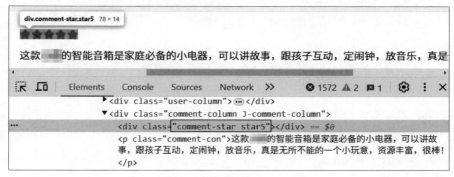

图 10-11

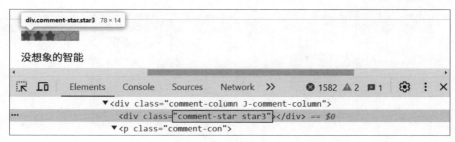

图 10-12

以图 10-11 所示的 <div> 标签为例说明爬取评价等级的思路：用 select() 函数根据第 1 个 class 属性值定位 <div> 标签；用 get() 函数提取 <div> 标签的

class 属性值，返回的将是包含两个属性值的列表 ['comment-star', 'star5']；从列表中提取最后一个元素（即第 2 个 class 属性值），得到字符串 'star5'，再从字符串中提取最后一个字符，得到代表评价等级的数字 5。

步骤07 **分析包含评价内容的网页源代码**。继续用开发者工具分析包含评价内容的网页源代码，如图 10-13 和图 10-14 所示。可以看到，有些用户在发表了初次评价后又发表了追加评价，不管是初次评价还是追加评价，其内容都位于 class 属性值为"comment-con"的 <p> 标签中。如果直接用 CSS 选择器"p.comment-con"提取评价内容，会导致无法区分不同用户的评价，所以还需要继续分析整个评价展示区的层次结构。

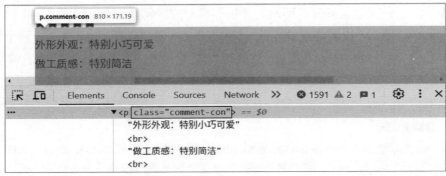

图 10-13

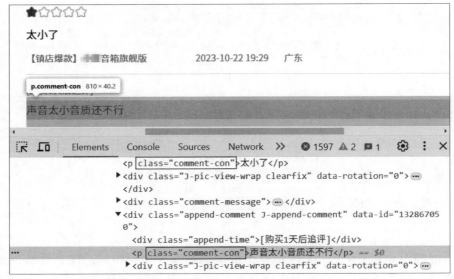

图 10-14

步骤08 **分析评价展示区的层次结构**。继续用开发者工具分析评价展示区的层次结构，如图 10-15 所示。可以看到，每一位用户的评价都对应一个 class 属性值为"comment-item"的 <div> 标签，这些 <div> 标签又直接从属于一个 id 属性值为"comment-0"的 <div> 标签。在提取数据时可以先定位所有用户的评价，再通过构造循环依次遍历每一位用户的评价，并提取评价等级和评价内容。

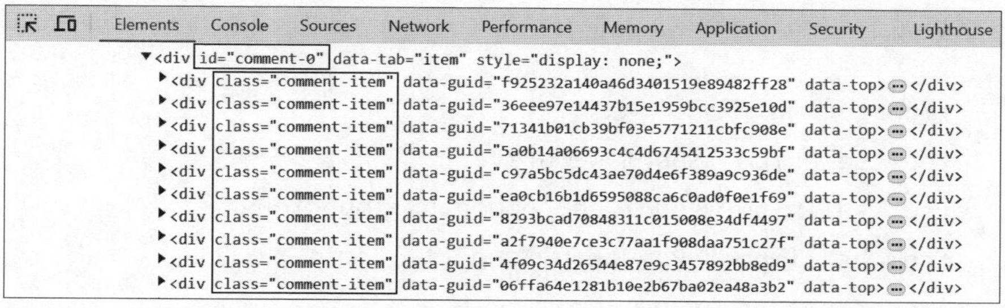

图 10-15

步骤09 **使用 AI 工具生成爬取数据的代码**。完成上述分析后，通过编写提示词描述项目的需求，然后将提示词输入 AI 工具，让其生成代码。示例提示词如下：

你是一名非常优秀的 Python 爬虫工程师，请帮我从京东商城爬取指定商品的评价数据。项目的信息和要求如下：

（1）使用 Selenium 模块访问目标网址 https://item.jd.com/7344084.html，等待 30 秒，然后使用 CSS 选择器"li[data-anchor="#comment"]"定位"商品评价"按钮并单击该按钮，接着使用 CSS 选择器"input#comm-curr-sku"定位"只看当前商品评价"复选框并单击该复选框。

（2）使用 Selenium 模块获取前 15 页的网页源代码，翻页方式是使用 CSS 选择器"div.com-table-footer a.ui-pager-next"定位"下一页"按钮并单击此按钮，每次翻页之间暂停 10 秒。

（3）使用 BeautifulSoup 模块从每一页的网页源代码中提取数据，具体步骤如下：

①用 CSS 选择器"div#comment-0 > div.comment-item"定位所有用户的评价。

②构造循环，依次遍历每一位用户的评价，并提取如下数据：

a. 评价等级：CSS 选择器为"div.comment-star"。从返回的唯一标签中提取 class 属性值，从得到的列表中提取最后一个元素，再从得到的字符串中提取最后一个字符，并将该字符转换成整型数字。

b. 评价内容：CSS 选择器为"p.comment-con"。从返回的多个标签中提取文本，并用换行符拼接成一个字符串。

（4）使用 pandas 模块整理数据，并导出成 CSV 文件，文件名为"京东商品评价.csv"，编码格式为 utf-8-sig。

请按上述信息和要求编写 Python 代码，谢谢。

步骤10 **审阅和修改爬取数据的代码**。对 AI 工具生成的代码进行人工审阅和修改，结果如下：

```
1    import time
2    from selenium import webdriver
3    from selenium.webdriver.common.by import By
4    from bs4 import BeautifulSoup
5    import pandas as pd
6    # 打开商品详情页
7    browser = webdriver.Chrome()
8    browser.maximize_window()
9    browser.get('https://item.jd.com/7344084.html')
10   # 等待用户登录
11   time.sleep(30)
12   # 单击"商品评价"按钮
13   comment_button = browser.find_element(By.CSS_SELECTOR,
     'li[data-anchor="#comment"]')
14   comment_button.click()
15   time.sleep(10)
16   # 单击"只看当前商品评价"复选框
17   current_sku_checkbox = browser.find_element(By.CSS_SELEC-
     TOR, 'input#comm-curr-sku')
18   current_sku_checkbox.click()
19   # 爬取前15页的评价
20   max_page = 15
21   all_comments = []
22   for page in range(1, max_page + 1):
23       print(f'正在爬取第{page}页...')
```

```
24      time.sleep(10)
25      # 用BeautifulSoup解析网页源代码
26      soup = BeautifulSoup(browser.page_source, 'lxml')
27      # 提取评价数据并进行清洗
28      comments = soup.select('div#comment-0 > div.comment-
        item')
29      for comment in comments:
30          # 提取评价等级
31          star_tag = comment.select('div.comment-star')
32          star = int(star_tag[0].get('class')[-1][-1])
33          # 提取评价内容
34          content_tags = comment.select('p.comment-con')
35          for j in content_tags:
36              for k in j.select('br'):
37                  k.replace_with('\n')
38          contents = [i.get_text().strip() for i in content_
            tags]
39          contents = '\n'.join(contents)
40          all_comments.append([contents, star])
41      # 单击"下一页"按钮
42      if page < max_page:
43          next_button = browser.find_element(By.CSS_SELEC-
            TOR, 'div.com-table-footer a.ui-pager-next')
44          next_button.click()
45  # 关闭浏览器
46  browser.quit()
47  # 整理和导出数据
48  df = pd.DataFrame(all_comments, columns=['评价内容', '评价
    等级'])
49  df.to_csv('京东商品评价.csv', index=False, encoding='utf-
    8-sig')
```

步骤11 **运行爬取数据的代码**。运行步骤 10 的代码，运行完毕后，打开生成的 CSV 文件，可看到爬取的 150 条评价数据，如图 10-16 所示。

	A	B
1	评价内容	评价等级
2	这款■■■的智能音箱是家庭必备的小电器，可以讲故事，跟孩子互动，定闹钟，放音乐，真是无所不能的一个小玩意，资源丰富，很棒！	5
3	大宝小时候就用■■■，真的是一路伴随孩子的成长。前几天孩子突然拔电源，■■就坏了，于是果断地再次购买，二宝也非常喜欢听。外观比之前更有质感，产品没得说，值得推荐给大家！	5
4	外形外观：小巧玲珑很可爱，不占地方，很精致的小音箱。 做工质感：做工精致，很有质感，手感很顺滑。 音质音效：音质很好，播放音乐很流畅很清晰。 安装难易：很容易，扫二维码下载App，只需几步就完成了。	5
149	这款■■我已经买过一个了，这次买的是第二台。 放在家里面很实用的。听歌曲、新闻、天气预报之类的，感觉很不错。发货快。质量也是不错的。	5
150	孩子学习的好帮手，唱歌、对话样样强，■■品牌还是有保障的。非常棒的一次购物体验，下一次还会选择在京东买的👍	5
151	很喜欢的一款蓝牙音箱，性价比还是非常高的，使用起来也是非常满意。京东的购物保障让人放心。	5
152		

图 10-16

步骤12 **使用 AI 工具生成数据处理代码**。用数字表示的评价等级不够直观，继续使用 AI 工具生成数据处理的代码，将数值转换成文本标签。示例提示词如下：

你是一名非常优秀的 Python 数据分析师，请帮我编写使用 pandas 模块处理数据的代码。需要完成的操作如下：

（1）从"京东商品评价.csv"中读取数据。

（2）为"评价等级"列的数值打文本标签，打标签的规则为：4 或 5 标为"好评"，2 或 3 标为"中评"，1 标为"差评"，其他数值标为"未知"。标签列的名称为"评价类型"。

（3）将处理好的数据导出为"京东商品评价_打标签.csv"，编码格式为 utf-8-sig。

步骤13 **审阅和修改数据处理代码**。对 AI 工具生成的数据处理代码进行人工审阅和修改，结果如下：

```
1   import pandas as pd
2   # 读取数据
3   data = pd.read_csv('京东商品评价.csv')
4   # 创建一个函数来打标签
5   def label_sentiment(row):
6       if row in [4, 5]:
7           return '好评'
```

```
8        elif row in [2, 3]:
9            return '中评'
10       elif row == 1:
11           return '差评'
12       else:
13           return '未知'
14   # 给"评价等级"列打上标签
15   data['评价类型'] = data['评价等级'].apply(label_sentiment)
16   # 导出数据
17   data.to_csv('京东商品评价_打标签.csv', index=False, encod-
     ing='utf-8-sig')
```

步骤 14 **运行数据处理的代码**。运行步骤 13 的代码，运行完毕后，打开生成的
CSV 文件，可看到添加的文本标签，如图 10-17 所示。

	A	B	C
1	评价内容	评价等级	评价类型
2	这款 ▓ 的智能音箱是家庭必备的小电器，可以讲故事，跟孩子互动，定闹钟，放音乐，真是无所不能的一个小玩意，资源丰富，很棒！	5	好评
3	大宝小时候就用 ▓，真的是一路伴随孩子的成长。前几天孩子突然拔电源，▓ 就坏了，于是果断地再次购买，二宝也非常喜欢听。外观比之前更有质感，产品没得说，值得推荐给大家！	5	好评
4	外形外观：小巧玲珑很可爱，不占地方，很精致的小音箱。 做工质感：做工精致，很有质感，手感很顺滑。 音质音效：音质很好，播放音乐很流畅很清晰。 安装难易：很容易，扫二维码下载App，只需几步就完成了。	5	好评
19	这款产品真的超级棒！从外观设计、功能到性能，都让我感到惊喜。它的质量很好，使用起来非常顺手，而且价格也非常合理。我购买后一直使用了很长时间，没有出现任何问题。总之，这是一款绝对值得购买的产品，我会毫不犹豫地给它一个好评！	5	好评
20	很多歌需要开会员才能听	3	中评
21	太好玩了，孩子总是喜欢问问题，有时候遇到不懂的问题，又不能给孩子胡乱解释，于是买了 ▓。买回来孩子很喜欢，一直问个不停，▓ 的回答也让孩子很满意	5	好评

图 10-17

综合实战：
媒体文件下载

　　新媒体行业的从业人员常常需要收集素材图片和素材视频，以帮助自己创作出更具吸引力和影响力的内容。本章将利用 AI 工具辅助编写 Python 爬虫程序，实现图片和视频的批量下载。

11.1　批量下载图片

 ◎　代码文件：实例文件 \ 11 \ 11.1 \ 爬取图片数据.py、批量下载图片.py

　　百度图片是百度推出的图片搜索引擎，它允许用户通过关键字来搜索和浏览互联网上的各种图片。本案例将从百度图片爬取用指定关键字搜索到的图片。

步骤01　**判断目标网页的类型。**用谷歌浏览器打开百度图片的页面（https://image.baidu.com/），搜索指定关键词，如"航拍美景"。向下滚动搜索结果页面，会看到加载出新的图片，由此可以判断该网页是动态网页。

步骤02　**分析请求数据的接口地址。**打开开发者工具，❶切换到"Network"选项卡，❷单击"Fetch / XHR"按钮，然后在窗口的上半部分向下滚动页面，加载出新的图片，"Network"选项卡中会出现相应的动态请求，❸单击某个动态请求，❹在右侧切换到"Headers"选项卡，❺找到"General"栏目，其中"Request URL"的值中"？"号之前的部分就是请求数据的接口地址，这里为https://image.baidu.com/search/acjson，如图 11-1 所示。

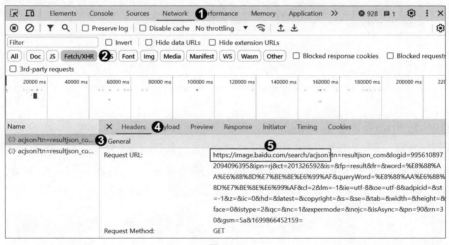

图 11-1

步骤03　**分析请求数据的动态参数。**❶切换到右侧的"Payload"选项卡，❷在"Query String Parameters"栏目下可看到各个动态参数的名称和值，如图 11-2 所示。用相同的方法分析其他动态请求后可以发现，只有参数 pn 的值在变化，变化规律为 30、60、90……合理推测该参数代表本次请求从第几张图片开始加载，第 1 次请求对应的值应该是 0，由此可以总结出该参数的通项公式为（请求次数－1）×30。参数 rn 的值始终为 30，合理推测其代表每次请求返回图片的数量。此外，可以直观地看出参数 word 和 queryWord 代表搜索关键词。

 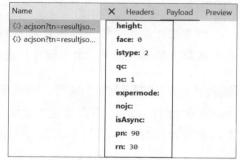

图 11-2

步骤04 **分析请求头信息**。在之前的案例中设置的 User-Agent 实际上是请求头的一部分。为了让爬虫代码的伪装更加"逼真"，不会被服务器"识破"，可尝试在请求头中添加除 User-Agent 外的其他参数。返回"Headers"选项卡，在"Request Headers"栏目下可以看到请求头信息，如图 11-3 所示。

Name	X Headers Payload Preview Response Initiator Timing Cookies
{} acjson?tn=resultjso...	▼ Request Headers ☐ Raw
{} acjson?tn=resultjso...	Accept: text/plain, */*; q=0.01
	Accept-Encoding: gzip, deflate, br
	Accept-Language: zh-CN,zh;q=0.9
	Connection: keep-alive

图 11-3

步骤05 **分析动态请求返回的数据**。切换到"Preview"选项卡，预览动态请求返回的内容，可以看到它是 JSON 格式数据，如图 11-4 所示。数据的结构是一个大字典，展开 data 键，可以看到对应的值是一个大列表，列表中有 31 个字典，前 30 个字典对应 30 张图片的数据，最后一个字典为空。

Name	X Headers Payload Preview Response Initiator Timing Cookies
{} acjson?tn=resultjso...	▼ {queryEnc: "%BA%BD%C5%C4%C3%C0%BE%B0", queryExt: "航拍美景", listNum:
{} acjson?tn=resultjso...	bdFmtDispNum: "约37,900"
	bdIsClustered: "0"
	bdSearchTime: ""
	▼ data: [{adType: "0", hasAspData: "0",…}, {adType: "0", hasAspData:
	▶ 0: {adType: "0", hasAspData: "0",…}
{} acjson?tn=resultjso...	▶ 28: {adType: "0", hasAspData: "0",…}
	▶ 29: {adType: "0", hasAspData: "0",…}
	30: {}

图 11-4

展开任意一张图片对应的字典进行分析，如图 11-5 所示。展开 replaceUrl 键，其对应的值是一个列表，列表中有一个字典，该字典的 ObjURL 键和 ObjUrl 键对应的值是原图的网址。此外，type 键对应的值是图片类型，可作为图片文件的扩展名。

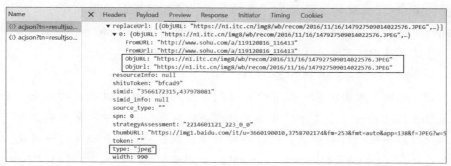

图 11-5

步骤06 确定爬虫方案的技术细节。开始编写代码之前，还需要确定一些技术细节。

第一，本案例的动态请求涉及的动态参数较多，但它们并不都是必需的，可以将步骤 02 中看到的"Request URL"复制、粘贴到地址栏中，然后尝试删除其中的部分参数，根据浏览器能否正常返回 JSON 格式数据来判断参数是否必不可少。

第二，请求头信息一开始可以只给出 User-Agent，如果得不到想要的运行结果，再尝试添加其他信息。

第三，百度图片收录的图片来自不同的网站，这些网站的访问速度有快慢之分，有些网站还会采取防盗链措施，直接请求图片的网址返回的数据可能不是图片内容，此外，图片的网址也有可能失效。这些因素都会导致爬虫程序抛出异常，编写下载图片的代码时就要注意进行异常处理。

第四，为了降低复杂程度，可以将本案例拆分成"爬取数据"和"下载图片"两个子任务。

步骤07 使用 AI 工具生成爬取数据的代码。通过编写提示词描述爬取数据的项目需求，然后将提示词输入 AI 工具，让其生成代码。示例提示词如下：

你是一名非常优秀的 Python 爬虫工程师，请帮我从百度图片爬取数据。项目的信息和要求如下：

（1）使用 Requests 模块对指定的数据接口发起 3 次请求，每次请求之间暂停 3 秒。具体要求如下：

①请求的接口地址为 https://image.baidu.com/search/acjson。

②动态参数和值分别为：tn: resultjson_com, ipn: rj, ct: 201326592, fp: result, word: 关键词, queryWord: 关键词, pn: 开始加载的图片序号, rn: 加载的图片数量。其中，"关键词"设置为"航拍美景"；"开始加载的图片序号"的通项公式为（请求次数—1）×30；"加载的图片数量"设置为 30。

③请求头中除了给出 User-Agent，还要给出如下信息：

Accept-Language: zh-CN,zh;q=0.9

（2）每次请求会返回一组 JSON 格式数据，提取 data 键对应的列表，并删除该列表的最后一个元素。接着遍历处理好的列表，列表中的每个元素是一个字典，对应一张图片的数据，从各个字典中提取这些值并汇总：图片网址，先提取 replaceUrl 键对应的值，再从得到的列表中提取唯一的元素，得到一个字典，最后提取该字典的 ObjUrl 键对应的值；图片类型，提取 type 键对应的值即可。

（3）使用 pandas 模块整理数据，使用中文的字段名：图片网址、图片类型。将整理好的数据导出成 CSV 文件，文件名的格式为"图片_{关键词}.csv"，编码格式为 utf-8-sig。

请按上述信息和要求编写 Python 代码，谢谢。

步骤 08 **审阅和修改爬取数据的代码**。对 AI 工具生成的代码进行人工审阅和修改，结果如下：

```
1   import requests
2   import pandas as pd
3   import time
4   # 设置关键词
5   keyword = '航拍美景'
6   # 设置请求头信息
7   headers = {
8       'Accept-Language': 'zh-CN,zh;q=0.9',
9       'User-Agent': 'Mozilla/5.0 (Windows NT 10.0; Win64;
        x64) AppleWebKit/537.36 (KHTML, like Gecko) Chrome/
        114.0.0.0 Safari/537.36'
10  }
```

```
11    # 给出接口地址
12    url = 'https://image.baidu.com/search/acjson'
13    # 初始化动态参数
14    rn = 30
15    params = {
16        'tn': 'resultjson_com',
17        'ipn': 'rj',
18        'ct': '201326592',
19        'fp': 'result',
20        'word': keyword,
21        'queryWord': keyword,
22        'pn': 0,
23        'rn': rn
24    }
25    # 循环请求3次数据
26    data_list = []
27    for page in range(1, 4):
28        # 更改参数pn的值
29        params['pn'] = (page - 1) * rn
30        # 发起请求，获取JSON格式数据
31        response = requests.get(url=url, params=params, head-
          ers=headers)
32        json_data = response.json()
33        data = json_data['data'][:-1]
34        # 提取图片数据
35        for item in data:
36            image_url = item['replaceUrl'][0]['ObjUrl']
37            image_type = item['type']
38            data_list.append([image_url, image_type])
39        # 适当暂停，以免触发反爬
40        time.sleep(3)
41    # 整理和导出数据
```

```
42    df = pd.DataFrame(data_list, columns=['图片网址', '图片类型'])
43    df.to_csv(f'图片_{keyword}.csv', index=False, encoding=
      'utf-8-sig')
```

步骤09 **运行爬取数据的代码。**运行步骤 08 的代码，运行完毕后，打开生成的 CSV 文件，可看到爬取的 90 张图片的数据，如图 11-6 所示。至此，"爬取数据" 的子任务就完成了，下面接着完成"下载图片"的子任务。

	A	B
1	图片网址	图片类型
2	https://up.enterdesk.com/edpic_source/5f/b0/eb/5fb0eb0ccafd2a045bf2f3b43abd5269.jpg	jpg
3	http://pic1.win4000.com/wallpaper/2020-01-13/5e1c290f3b217.jpg	jpg
4	http://pic1.win4000.com/wallpaper/2017-10-11/59ddb2f243400.jpg	jpg
5	https://photo.tuchong.com/7118722/f/1146887749.jpg	jpg
6	https://pic.vjshi.com/2017-08-11/29549a71f3d28ac2ee347386c080a2da/00001.jpg?x-oss-process=style/watermark	jpg
87	https://pic.vjshi.com/2017-09-05/05069733ecb378bade8f3532a8ec5784/online/puzzle.jpg?x-oss-process=style/watermark	jpg
88	http://images.china.cn/attachement/jpg/site1000/20150102/0019b91ec8e11610869b08.jpg	jpg
89	https://qimg.hxnews.com/2016/0427/1461716607247.jpg	jpg
90	https://pic.vjshi.com/2019-02-22/44b44c286b14a4c7a3d779b74379d1dd/00001.jpg?x-oss-process=style/watermark	jpg
91	https://tour.youth.cn/xw/202107/W020210722502012415306.jpg	jpg
92		

图 11-6

步骤10 **向 AI 工具询问图片下载的异常处理知识。**步骤 06 中提到过，下载图片时可能会遇到很多异常情况，我们可以向 AI 工具询问这方面的知识。示例对话如下：

👤 使用 Requests 模块下载图片时有可能发生哪些异常？应该如何处理？

🅰️ 使用 Requests 模块下载图片时可能会出现如下几种异常情况：

①网络连接问题：如果网络中断或服务器无响应等，可能导致 Connec-tionError 异常。

②请求超时：如果请求耗时过长，可能导致 Timeout 异常。

③请求错误：例如，网址无效或被重定向过多等，这可能导致 HTTPError 或 TooManyRedirects 异常。

④数据解析错误：如果返回的数据不是预期的格式，则可能无法正确解析数据，导致异常。

对于上述异常情况，我们可以采用如下方法进行处理：

①使用 try / except 语句捕获并处理可能出现的异常。

②对于网络连接问题和请求超时，可以尝试设置超时时间，以免陷入无限

期的等待。

③对于请求错误，需要检查网址是否正确，以及是否符合 HTTP 协议规范。

④对于数据解析错误，需要确保返回的数据格式与预期相符，并使用适当的方法解析数据。

基于 AI 工具的回答，我们需要选择处理策略。这里提出的处理策略仅供读者参考：对于网络连接问题和请求超时，设置可接受的超时时间，超时后仍不能请求成功的，放弃下载；对于请求错误，直接放弃下载；对于数据解析错误，可设法判断返回的数据是否为图片，如果是图片则将其保存至硬盘，如果不是图片则放弃保存。

针对上述处理策略，向 AI 工具询问如何设置超时时间。示例对话如下：

👤 如何设置请求的超时时间呢？

🤖 可以通过 get() 函数的参数 timeout 来设置请求的超时时间（单位：秒）。超时时间又分为连接超时时间和读取超时时间。如果想将连接超时时间和读取超时时间设置成相同的值，可将 timeout 设置成一个浮点型数字；如果想为连接超时时间和读取超时时间分别设置不同的值，可将 timeout 设置成一个元组，元组中的两个浮点型数字分别代表连接超时时间和读取超时时间。

以下是一个示例：

```
import requests
response = requests.get(url='http://example.com', timeout=(5, 10))
```

在这个例子中，连接超时时间为 5 秒，即在发起请求后 5 秒内如果没有建立连接就会报错；读取超时时间为 10 秒，即在建立连接后 10 秒内如果没有接收到任何数据就会报错。

继续向 AI 工具询问如何判断返回的数据是图片，示例对话如下：

👤 关于前面所说的"数据解析错误"，如何判断返回的数据是图片呢？

🤖 要判断返回的数据是否为图片，可以查看响应头中的 Content-Type 字段，这个字段描述了响应体的数据类型。如果是图片，那么 Content-Type 应该是 image/jpeg、image/png、image/gif 等。

以下是一个示例：

```
1   import requests
2   response = requests.get(url='http://example.com/image.jpg')
3   content_type = response.headers['Content-Type']
4   if content_type.startswith('image/'):
5       print('这是图片')
6   else:
7       print('这不是图片')
```

这段代码首先向指定网址发送请求，然后从响应头中获取 Content-Type 字段的值。如果该值以 "image/" 开头，那么就可以认为返回的数据是一张图片，否则不是图片。

步骤 11 使用 AI 工具生成下载图片的代码。结合步骤 10 中了解到的知识，通过编写提示词描述下载图片的项目需求，然后将提示词输入 AI 工具，让其生成代码。示例提示词如下：

你是一名非常优秀的 Python 爬虫工程师，请帮我根据指定的网址批量下载图片。项目的信息和要求如下：

（1）使用 pathlib 模块创建一个目标文件夹 "图片_航拍美景"，用于存放所下载的图片。

（2）使用 pandas 模块从 CSV 文件 "图片_航拍美景.csv" 中读取数据，数据有两列，分别为 "图片网址" 和 "图片类型"。

（3）使用 Requests 模块根据 "图片网址" 列的网址下载图片，具体要求如下：

①图片的存放位置是前面创建的目标文件夹，文件的命名格式为 "image_{序号}.{扩展名}"，其中 "扩展名" 使用 "图片类型" 列的值。

②如果目标文件夹中已有同名的图片文件，则不执行下载操作。

③设置请求的连接超时时间为 3.05 秒，读取超时时间为 10 秒。

④如果请求过程中发生任何异常，都输出文本 "请求失败"。

⑤如果请求过程中未发生异常，则判断响应头中的 Content-Type 字段的值是否以 "image/" 开头。如果是以 "image/" 开头，则按前面的要求保存响应体中的数据；如果不以 "image/" 开头，则输出文本 "下载失败"。

请按上述信息和要求编写 Python 代码，谢谢。

步骤 12 审阅和修改下载图片的代码。对 AI 工具生成的代码进行人工审阅和修改，结果如下：

```python
1   import requests
2   from pathlib import Path
3   import pandas as pd
4   # 设置关键词
5   keyword = '航拍美景'
6   # 创建目标文件夹
7   download_folder = Path(f'图片_{keyword}')
8   download_folder.mkdir(parents=True, exist_ok=True)
9   # 设置请求头信息
10  headers = {'User-Agent': 'Mozilla/5.0 (Windows NT 10.0; Win64;
    x64) AppleWebKit/537.36 (KHTML, like Gecko) Chrome/114.0.0.0
    Safari/537.36'}
11  # 从CSV文件中读取数据
12  df = pd.read_csv(f'图片_{keyword}.csv')
13  # 遍历读取的数据
14  for r in range(df.shape[0]):
15      # 从数据中选取一行并转换成字典
16      row = df.iloc[r].to_dict()
17      # 提取"图片网址"和"图片类型"
18      image_url = row['图片网址']
19      image_type = row['图片类型']
20      # 构造图片保存路径
21      image_name = f'image_{r + 1}.{image_type}'
22      image_path = download_folder / image_name
23      # 跳过已存在的图片
24      if image_path.exists():
25          print(f'[{image_name}]已存在，跳过')
26          continue
27      # 下载不存在的图片
28      try:
29          # 对图片网址发起请求
30          response = requests.get(url=image_url, headers=
```

```
                    headers, timeout=(3.05, 10))
31      except Exception as e:
32          print(f'[{image_name}]请求失败：{image_url}')
33      else:
34          # 判断返回的数据是否为图片
35          content_type = response.headers['Content-Type']
36          if content_type.startswith('image/'):
37              with open(file=image_path, mode='wb') as f:
38                  f.write(response.content)
39              print(f'[{image_name}]下载完成：{image_url}')
40          else:
41              print(f'[{image_name}]下载失败：{image_url}')
```

步骤 13 运行下载图片的代码。运行步骤 12 的代码，运行完毕后，打开生成的文件夹，可看到下载的图片，如图 11-7 所示。图片的数量少于 CSV 文件中的网址数量，这说明下载过程中出现了一些异常，但是代码很好地进行了处理，没有因此而中断运行。

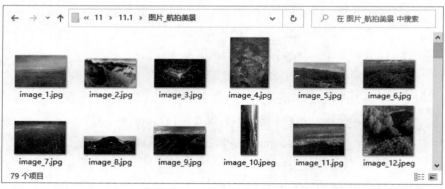

图 11-7

11.2 批量下载视频

◎ 数据文件：实例文件＼11＼11.2＼好看视频.csv
◎ 代码文件：实例文件＼11＼11.2＼批量下载视频.py

9.3 节已经从好看视频爬取了"美食"频道下的视频数据，其中包括视频的网址。本案例将根据这些数据批量下载播放量达到一定标准的视频。

步骤01 **向 AI 工具询问下载视频的注意事项。**与图片的下载类似，视频的下载也有一些技术要点，这里同样向 AI 工具询问这方面的知识。示例对话如下：

👤 我想使用 Requests 模块编写 Python 爬虫代码来下载视频文件，有什么技术要点和注意事项吗？

🅰 使用 Python 的 Requests 模块下载视频文件时，需要注意以下几点：
①确保有正确的网址指向要下载的视频文件。
②使用适当的请求头来模拟浏览器行为，以防止被网站阻止或返回错误的内容。
③请求响应可能包含重定向信息，需要正确处理。
④检查返回的状态码，以确保请求成功完成。
⑤如果网站实施了反爬虫策略，可能需要采取一些额外措施来绕过网站的限制。
⑥下载大文件时，可考虑使用分块下载的方式，以减少内存消耗并提高稳定性。
以上只是一些基本要点，还需要根据实际情况进行调整和优化。

👤 如何用 Requests 模块实现分块下载呢？

🅰 使用 Requests 模块实现分块下载的方法如下：
①设置一个缓冲区大小，以便控制每次从服务器获取的数据量。
②使用 get() 函数发起请求时，传入参数 stream=True，以启用分块下载功能。
③构造循环，使用响应对象的 iter_content() 函数逐块读取数据并写入本地文件。
④在循环结束后要记得关闭响应对象和文件句柄。
以下是一个简单的示例：

```
1  import requests
2  url = 'https://example.com/video.mp4'
3  # 设置缓冲区大小为1 MB
4  chunk_size = 1024 * 1024
5  # 发起请求并启用分块下载
```

```
6    with requests.get(url=url, stream=True) as response:
7        # 构造循环，逐块读取数据并写入本地文件
8        with open(file='video.mp4', mode='wb') as f:
9            for chunk in response.iter_content(chunk_size):
10               if chunk:
11                   f.write(chunk)
```

这个示例在发起请求和打开文件时使用了 with 语句来确保关闭响应对象和文件句柄。

步骤02 **使用 AI 工具生成下载视频的代码**。结合步骤 01 中了解到的知识，通过编写提示词描述下载视频的项目需求，然后将提示词输入 AI 工具，让其生成代码。示例提示词如下：

你是一名非常优秀的 Python 爬虫工程师，请帮我根据指定的网址批量下载视频。项目的信息和要求如下：

（1）使用 pathlib 模块创建一个目标文件夹"美食视频"，用于存放所下载的视频。

（2）使用 pandas 模块从 CSV 文件"好看视频.csv"中读取视频数据，并对数据进行处理：先筛选出"播放量"列的值大于或等于 10000 的行，然后按该列对数据做降序排列。

（3）使用 Requests 模块根据处理好的数据下载视频，具体要求如下：

①视频的存放位置是前面创建的目标文件夹，文件的命名格式为"{序号}.{视频标题}.mp4"，其中"视频标题"使用数据中"标题"列的值，并删除 Windows 中禁止用于文件命名的特殊字符。

②如果目标文件夹中已有同名的视频文件，则不执行下载操作。

③视频的网址来自数据中的"网址"列。发起请求时启用分块下载，设置缓冲区大小为 1 MB。

④如果下载过程中发生任何异常，都输出文本"下载失败"。

⑤每下载一个视频就暂停 5 秒。

请按上述信息和要求编写 Python 代码，谢谢。

步骤03 **审阅和修改下载视频的代码**。对 AI 工具生成的代码进行人工审阅和修改，结果如下：

```
1   import requests
2   import pandas as pd
3   from pathlib import Path
4   import re
5   import time
6   # 创建目标文件夹
7   download_folder = Path('美食视频')
8   download_folder.mkdir(parents=True, exist_ok=True)
9   # 从CSV文件中读取数据
10  df = pd.read_csv(f'好看视频.csv')
11  # 筛选和排序数据
12  data = df.query('播放量 >= 10000')
13  data = data.sort_values(by='播放量', ascending=False)
14  # 设置请求头信息
15  headers = {'User-Agent': 'Mozilla/5.0 (Windows NT 10.0; Win64;
    x64) AppleWebKit/537.36 (KHTML, like Gecko) Chrome/114.0.0.0
    Safari/537.36'}
16  # 遍历读取的数据
17  for r in range(data.shape[0]):
18      # 从数据中选取一行并转换成字典
19      row = data.iloc[r].to_dict()
20      # 提取"标题"和"网址"
21      video_title = row['标题']
22      video_title = re.sub(r'[\\/:*?"<>|]', '', video_title)
23      video_url = row['网址']
24      # 构造视频保存路径
25      file_name = f'{r + 1}.{video_title}.mp4'
26      file_path = download_folder / file_name
27      # 跳过已存在的视频
28      if file_path.exists():
29          print(f'[{file_name}]已存在，跳过')
30          continue
```

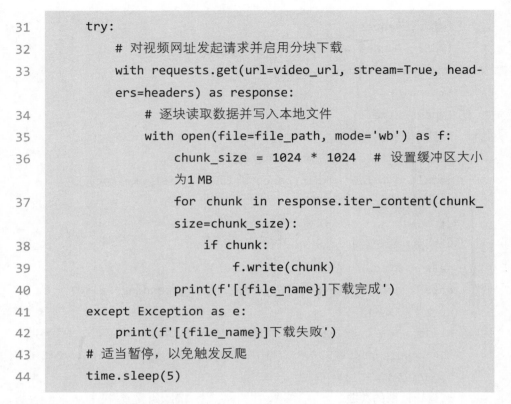

```
31    try:
32        # 对视频网址发起请求并启用分块下载
33        with requests.get(url=video_url, stream=True, head-
          ers=headers) as response:
34            # 逐块读取数据并写入本地文件
35            with open(file=file_path, mode='wb') as f:
36                chunk_size = 1024 * 1024    # 设置缓冲区大小
                  为1 MB
37                for chunk in response.iter_content(chunk_
                  size=chunk_size):
38                    if chunk:
39                        f.write(chunk)
40            print(f'[{file_name}]下载完成')
41    except Exception as e:
42        print(f'[{file_name}]下载失败')
43    # 适当暂停，以免触发反爬
44    time.sleep(5)
```

步骤04 **运行下载视频的代码。** 运行步骤 03 的代码，运行完毕后，打开生成的
文件夹，可看到下载的多个视频，如图 11-8 所示。

图 11-8